パワーデバイス

工学博士 山本 秀和 著

コロナ社

まえがき

　本書は，パワーデバイスに関する入門書である。"パワー"とは何らかの仕事をする源のことである。本書は"電気"を対象としており，"電気的なパワー"を扱う。

　デバイスとは何であろうか？　デバイス（device）を英英辞書で引くと「特別な目的のために使用されるあるいは作られたもの」という意味のことが書かれている。つまり，人間が知恵をしぼり工夫して作った道具はすべてデバイスである。すると古くは，狩りのために作った旧石器や食事のための土器がデバイスの始まりであろう。その後，人類は新石器を，そして青銅器を，さらに鉄器を発明した。そして現在は"シリコン時代"と呼ばれている。その主流は，コンピュータや家電製品の中に数多く使われている集積回路である。

　現在，日本はエネルギー供給体制の変換に迫られている。この課題に対し，太陽電池や風力発電などの自然エネルギー利用の拡大，自動車のハイブリッド化や電気自動車による化石燃料使用量の削減，電気機器のインバータ化による省エネルギーの推進などをエレクトロニクス技術によって支えるパワーデバイスが大きな注目を浴びている。

　大多数のパワーデバイスは，集積回路と同様，シリコンを用いて製造されるが，使用するシリコンの製造方法，デバイス構造およびデバイス製造プロセスが大きく異なる。半導体産業は現在も日本の重要産業の一つであり，集積回路に関する教科書が，入門書から専門書までさまざまなものが店頭に並んでいる。また，パワーデバイスを部品として使用するパワーエレクトロニクスの教科書も多く存在する。しかしながら，パワーデバイスそのものに特化した教科書，特に入門書は非常に少ないのが現状である。

　本書では，半導体およびデバイスの基礎については，パワーデバイスを理解

するうえでの最小限にとどめ（多数存在する他の専門書にまかせ），パワーデバイスの構造および特性とパワーデバイス特有の製造プロセスを詳しく解説する。現在のパワーデバイスの主流はシリコンデバイスであり，この状況は当面続くと考えられる。一方で，パワーデバイスの高性能化を，材料を変えて実現しようという動きのなかで，ワイドギャップ半導体が注目されている。その状況についても取り上げた。

　本書は12章から構成されている。まず，1章と2章ではパワーデバイスについて概観した。次に3章～5章では半導体および半導体デバイスの基礎に関し，パワーデバイスに必要な内容を説明した。それをもとに，6章および7章ではパワーチップの構造と特性を詳細に解説した。8章ではパワーモジュールの構造と要求性能を述べた。9章ではパワーデバイス用シリコンウェーハについて説明した。10章ではパワーチップ，11章ではパワーモジュールの製造プロセスを集積回路との比較で説明した。最後に12章では次世代パワーデバイスとして検討されているワイドギャップ半導体を用いたパワーデバイスについて解説した。なお，各章末のコーヒーブレイクには，その章に関連したトピックス，知っておきたい歴史あるいは個別に説明した内容のまとめなどを記した。

　本書は，大学で半導体デバイスの基礎を学んだ学部学生を対象とし，電力変換を効率的に行うパワーデバイスの原理と構造および製造方法を理解できる内容とした。そして，パワーデバイスを適切に使用することにより，効率的に実現されるパワーエレクトロニクスにつながる内容とした。

　さらに，パワーデバイスに携わっているあるいはパワーデバイス産業に参入を検討している一般企業のエンジニアのための入門書としても活用できる内容とした。本書により，パワーデバイスに対する障壁が少しでも低くなれば幸いである。

2011年12月

著　　者

目　　次

1. パワーデバイスの概要

1.1　パワーデバイスの役割 …………………………………………………… 1
　1.1.1　パワーデバイスとは ………………………………………………… 1
　1.1.2　電気・電子機器と人体の比較 ……………………………………… 3
1.2　パワーデバイスの用途 …………………………………………………… 4
　1.2.1　適用分野による分類 ………………………………………………… 4
　1.2.2　容量・動作速度による分類 ………………………………………… 5
1.3　身近で活躍するパワーデバイス ………………………………………… 6
　1.3.1　分散型発電とスマートグリッド …………………………………… 6
　1.3.2　自動車からの CO_2 排出量削減 …………………………………… 8
　1.3.3　家電への適用 ………………………………………………………… 9

2. パワーデバイスによる電力変換

2.1　パワーデバイスによる直流-交流の相互変換 ………………………… 11
　2.1.1　交流から直流への変換 ……………………………………………… 11
　2.1.2　直流から交流への変換 ……………………………………………… 12
　2.1.3　スイッチングデバイスの損失とトレードオフ関係 ……………… 14
2.2　コンバータ / インバータシステム ……………………………………… 15
　2.2.1　コンバータ / インバータシステムの構成 ………………………… 15
　2.2.2　三相モータの駆動 …………………………………………………… 16
　2.2.3　還流ダイオードの働き ……………………………………………… 17
2.3　パワーデバイスの進化 …………………………………………………… 18
　2.3.1　パワーデバイスの技術革新 ………………………………………… 18
　2.3.2　IGBT の技術革新 …………………………………………………… 19
　2.3.3　新材料によるブレイクスルー ……………………………………… 20

3. 原子と結晶

3.1 原子構造と元素の周期性 ……………………………………………… 22
  3.1.1 原子構造 ……………………………………………………… 22
  3.1.2 元素の周期性 ………………………………………………… 22
  3.1.3 IV族原子の結晶構造 ………………………………………… 23

3.2 半導体結晶とエネルギーバンド ………………………………………… 25
  3.2.1 原子/分子間の結合 …………………………………………… 25
  3.2.2 半導体結晶 …………………………………………………… 26
  3.2.3 エネルギーバンド構造 ………………………………………… 26
  3.2.4 金属,半導体,絶縁体のエネルギーバンド図 ………………… 28

3.3 結晶欠陥 ………………………………………………………………… 29
  3.3.1 結晶欠陥の分類 ……………………………………………… 29
  3.3.2 結晶欠陥の二面性 …………………………………………… 31
  3.3.3 不純物のエネルギー準位 …………………………………… 33
  3.3.4 固溶度と拡散係数 …………………………………………… 34

4. 半導体中のキャリヤ

4.1 半導体中のキャリヤの生成 …………………………………………… 36
  4.1.1 電子とホール ………………………………………………… 36
  4.1.2 ドナーとアクセプタ …………………………………………… 37

4.2 半導体中のキャリヤ統計 ……………………………………………… 39
  4.2.1 キャリヤ密度の計算方法 …………………………………… 39
  4.2.2 不純物半導体中のフェルミ準位 …………………………… 41
  4.2.3 キャリヤ密度およびフェルミ準位の温度依存性 …………… 42

4.3 半導体中の電気伝導 …………………………………………………… 43
  4.3.1 ドリフトによる電気伝導 ……………………………………… 43
  4.3.2 拡散による電気伝導 ………………………………………… 45
  4.3.3 キャリヤ連続の式 …………………………………………… 45

5. 半導体デバイスの基礎

5.1 pn接合 …………………………………………………………………… 47
  5.1.1 pn接合のエネルギーバンド図 ……………………………… 47
  5.1.2 pn接合の整流性 …………………………………………… 49

- 5.1.3 pn接合の降伏現象 ………………………………………… 50
- 5.1.4 pn接合における最大電界 ………………………………… 52
- 5.1.5 ヘテロ接合 …………………………………………………… 54
- 5.1.6 pn接合応用デバイス ………………………………………… 56
- 5.2 金属-半導体接触 …………………………………………………… 57
  - 5.2.1 金属と半導体のエネルギーバンド図 ……………………… 57
  - 5.2.2 ショットキー接触 …………………………………………… 58
  - 5.2.3 オーム性接触 ………………………………………………… 59
- 5.3 MOS構造 …………………………………………………………… 61
  - 5.3.1 MOS構造のエネルギーバンド図 …………………………… 61
  - 5.3.2 MOS構造における反転現象 ………………………………… 61
  - 5.3.3 界面準位の影響 ……………………………………………… 63

6. 電力用ダイオードおよび電流制御型スイッチングデバイスの構造と特性

- 6.1 パワーチップの構造 ……………………………………………… 66
  - 6.1.1 パワーチップの高耐圧化 …………………………………… 66
  - 6.1.2 パワーチップの電極構造 …………………………………… 68
- 6.2 電力用ダイオード ………………………………………………… 69
  - 6.2.1 電力用ダイオードの構造 …………………………………… 69
  - 6.2.2 電力用ダイオードの過渡特性 ……………………………… 71
- 6.3 パワーバイポーラトランジスタ ………………………………… 72
  - 6.3.1 バイポーラトランジスタの電流-電圧特性 ………………… 72
  - 6.3.2 バイポーラトランジスタのエネルギーバンド図 ………… 73
  - 6.3.3 バイポーラトランジスタのスイッチング動作 …………… 74
  - 6.3.4 パワーバイポーラトランジスタの構造 …………………… 75
  - 6.3.5 バイポーラトランジスタの安全動作領域 ………………… 76
  - 6.3.6 ダーリントン接続 …………………………………………… 76
- 6.4 サイリスタ ………………………………………………………… 77
  - 6.4.1 サイリスタの構造と電流-電圧特性 ………………………… 77
  - 6.4.2 サイリスタの動作原理 ……………………………………… 79
  - 6.4.3 GTOサイリスタ ……………………………………………… 80
  - 6.4.4 トライアック ………………………………………………… 81
  - 6.4.5 逆導通サイリスタ …………………………………………… 82

7. 電圧制御型スイッチングデバイスの構造と特性

- 7.1 パワーMOSFET ······ 84
  - 7.1.1 MOSFETの構造 ······ 84
  - 7.1.2 MOSFETの電流-電圧特性 ······ 85
  - 7.1.3 パワーMOSFETの構造 ······ 86
  - 7.1.4 スーパージャンクション構造 ······ 87
- 7.2 IGBT ······ 88
  - 7.2.1 IGBTの構造 ······ 88
  - 7.2.2 IGBTの電流-電圧特性 ······ 90
  - 7.2.3 IGBTのオン抵抗 ······ 92
  - 7.2.4 IGBTの順方向および逆方向耐圧 ······ 93
  - 7.2.5 IGBTの損失とトレードオフ関係 ······ 94
  - 7.2.6 IGBTの構造開発 ······ 95
- 7.3 IGBTの多機能化 ······ 96
  - 7.3.1 IGBTとダイオードの集積化 ······ 96
  - 7.3.2 逆導通IGBT ······ 97
  - 7.3.3 逆阻止IGBT ······ 98

8. パワーモジュールの構造と要求性能

- 8.1 パワーチップのモジュール化 ······ 102
  - 8.1.1 パワーモジュール搭載チップ ······ 102
  - 8.1.2 パワーモジュールへのチップの搭載 ······ 103
  - 8.1.3 パワーモジュールのインテリジェント化 ······ 105
- 8.2 パワーモジュールの構造 ······ 106
  - 8.2.1 ケースタイプとトランスファーモールドタイプ ······ 106
  - 8.2.2 ケースタイプIGBTモジュールの構造 ······ 106
  - 8.2.3 ケースタイプIPMの構造 ······ 107
  - 8.2.4 トランスファーモールドタイプIPMの構造 ······ 108
- 8.3 パワーモジュールへの要求性能 ······ 108
  - 8.3.1 主要な要求性能 ······ 108
  - 8.3.2 パワーモジュールの絶縁性 ······ 109
  - 8.3.3 大電流通電への対応 ······ 109
  - 8.3.4 パワーモジュールの放熱性 ······ 110
  - 8.3.5 パワーモジュールの信頼性 ······ 111

9. パワーデバイス用シリコンウェーハ

- 9.1 CZ シリコンウェーハ ……………………………………………… *113*
  - 9.1.1 CZ 法によるシリコン単結晶育成 ………………………… *113*
  - 9.1.2 CZ 法における偏析現象 …………………………………… *115*
  - 9.1.3 ウェーハ加工プロセス ……………………………………… *116*
- 9.2 FZ シリコンウェーハ ……………………………………………… *117*
  - 9.2.1 FZ 法によるシリコン単結晶育成 ………………………… *117*
  - 9.2.2 FZ 法におけるドーパント不純物制御 …………………… *118*
  - 9.2.3 FZ ウェーハの直径 ………………………………………… *120*
  - 9.2.4 拡散ウェーハ ………………………………………………… *121*
- 9.3 エピタキシャル成長 ………………………………………………… *122*
  - 9.3.1 エピタキシャル成長装置 …………………………………… *122*
  - 9.3.2 エピタキシャル成長の限界と課題 ………………………… *123*
- 9.4 パワーデバイス用ウェーハの選定 ………………………………… *126*
  - 9.4.1 これまでのパワーデバイス用ウェーハの選定 …………… *126*
  - 9.4.2 最近のパワーデバイス用ウェーハの選定 ………………… *126*

10. パワーチップ製造プロセス

- 10.1 パワーチップと MOS-LSI の構造比較 …………………………… *129*
  - 10.1.1 全体構造の比較 …………………………………………… *129*
  - 10.1.2 最表面の構造比較 ………………………………………… *130*
- 10.2 パワーチップ表面側プロセス ……………………………………… *131*
  - 10.2.1 MOS-LSI 製造プロセスの概要 …………………………… *131*
  - 10.2.2 パワーチップ表面側プロセスフロー …………………… *132*
  - 10.2.3 パワーチップと MOS-LSI の製造プロセスの比較 ……… *134*
  - 10.2.4 ライフタイム制御 ………………………………………… *136*
- 10.3 パワーチップ裏面側プロセス ……………………………………… *137*
  - 10.3.1 裏面プロセスフロー ……………………………………… *137*
  - 10.3.2 薄ウェーハのハンドリング ……………………………… *140*
  - 10.3.3 裏面不純物の活性化 ……………………………………… *141*
  - 10.3.4 さらなる新技術の導入 …………………………………… *142*

11. パワーモジュール製造プロセス

- 11.1 パワーモジュール製造プロセス ………………………………… 144
  - 11.1.1 パワーモジュール製造プロセスフロー ………………… 144
  - 11.1.2 ダイシング ……………………………………………… 145
  - 11.1.3 ダイボンド ……………………………………………… 146
  - 11.1.4 ワイヤボンド …………………………………………… 147
- 11.2 パワーモジュール対応新技術 …………………………………… 147
  - 11.2.1 レーザダイシング ……………………………………… 147
  - 11.2.2 高電流密度化への対応 ………………………………… 149
  - 11.2.3 高温動作への対応 ……………………………………… 150
  - 11.2.4 高信頼性への対応 ……………………………………… 152
- 11.3 パワーデバイスのテスト技術 …………………………………… 152
  - 11.3.1 半導体デバイスのテスト技術 ………………………… 152
  - 11.3.2 パワーデバイスのテスト工程 ………………………… 153
  - 11.3.3 チップ状態でのテストの重要性 ……………………… 154
  - 11.3.4 アナログテスト技術 …………………………………… 154

12. ワイドギャップ半導体パワーデバイス

- 12.1 シリコンパワーデバイスと比較した優位性 …………………… 156
  - 12.1.1 物性値による比較 ……………………………………… 156
  - 12.1.2 高温動作および高速駆動 ……………………………… 158
  - 12.1.3 SiC および GaN パワーデバイスのターゲット ……… 159
- 12.2 SiC パワーデバイス ……………………………………………… 160
  - 12.2.1 SiC ウェーハ …………………………………………… 160
  - 12.2.2 SiC パワーデバイスの構造 …………………………… 161
  - 12.2.3 SiC パワーデバイスの製造 …………………………… 162
  - 12.2.4 SiC パワーデバイスの課題 …………………………… 164
- 12.3 GaN パワーデバイス ……………………………………………… 166
  - 12.3.1 GaN ウェーハ …………………………………………… 166
  - 12.3.2 GaN パワーデバイスの構造 …………………………… 169
  - 12.3.3 GaN パワーデバイスの課題 …………………………… 170

付　　録 ……………………………………………………………………… 173
参 考 文 献 …………………………………………………………………… 175
索　　引 ……………………………………………………………………… 176

1 パワーデバイスの概要

本章では，最初にパワーデバイスの位置づけと機能を説明する。次に，パワーデバイスの幅広い用途について解説する。さらに，いかにパワーデバイスが身近な存在であるかを述べる。

1.1 パワーデバイスの役割

1.1.1 パワーデバイスとは

パワーデバイスとは，通常1W以上の電力を制御できる能力を持つ半導体デバイスを指す。半導体デバイスとして主流の**シリコンMOS型大規模集積回路**（**MOS-LSI**[†1]：metal oxide semiconductor large scale integration）は，電気信号の制御が主である。それに対しパワーデバイスは，電気的エネルギー，つまり電力を制御するデバイスである。この点が大きく異なる。

われわれの身の回りにはさまざまな形態の"電気"が存在する。例えば，電圧を例にとると，比較的小さなものは乾電池で，通常1本当り1.5Vの大きさである。一般家庭に送られている電気の電圧は，日本では通常100Vである。それに対し，雷も電気であるが，その電圧は数億〜数十億ボルトにもなる。

また，電気には**直流**（**DC**：direct current）と**交流**（**AC**：alternating current）がある。これは，電気の作り方に関連している。一般に，化学変化や光電変換で発生させる電気は直流である。したがって，乾電池や燃料電池および太陽電池などから作れるのは直流である。また，エレキテル[†2]のような静電気を発生させる場合も直流である。

[†1] モスエルエスアイと読む。
[†2] オランダで発明された摩擦電気を蓄積する装置。日本では，江戸時代に平賀源内が復元させたことで有名。

1. パワーデバイスの概要

　一方，発電機を連続的に運転させる場合は，回転を利用しているため，交流のほうが作りやすい。したがって，火力，水力，原子力など大規模な発電システムから供給されているのは，おもに交流である。一般家庭には，変圧器で電圧を下げた交流が供給されている[†]。**表1.1**は，直流と交流の比較をまとめたものである。

表1.1 直流と交流の比較

	直　流 （DC：direct current）	交　流 （AC：alternating current）
定　義	電流の流れる方向が一定	電流の流れる方向が逆転
電源の記号	（＋）―｜｜―（－）	（＋⇔－）〜（－⇔＋）
発生源	・乾電池，蓄電池 ・太陽電池 ・燃料電池	・発電所 　　水力，火力，原子力など ・風力発電
適　用	・パソコン ・携帯電話 ・LED 照明 ・直流モータ ・直流送電	・家庭用商用電源 　日本：50/60 Hz，100 V 　欧米：200 V ・交流モータ ・変圧器

　パワーデバイスは，電圧が数十〜数千ボルトの電気エネルギーを取り扱い，直流から交流および交流から直流の相互変換（**インバート**）と直流から直流の電圧変換および交流から交流の電圧および周波数変換（**コンバート**）を行うデバイスである。

　交流の電圧は，通常実効値で表される。一方，動作中のパワーデバイスは，電圧の最大値まで耐える必要がある。正弦波交流では，電圧の最大値は実効値の$\sqrt{2}$倍である。また，パワーデバイスは，電圧に対し2〜3倍の余裕を持って設計される。したがって，交流電圧が100 Vであれば300〜600 V，交流が200 Vであれば600〜1 200 Vの耐圧が要求される。耐圧値に幅があるのは，どこまで余裕を持たせるかなどの設計思想に関係している。

[†] 2章末のコーヒーブレイクを参照。

1.1.2 電気・電子機器と人体の比較

パワーデバイスの役割を理解するため，鉄腕アトムのような人工頭脳を持った人間型ロボットを作ることを考えてみる。人体と比較して，どのような電気・電子部品を用いて設計するかを考えると**表1.2**のようになる。人間の脳には，思考と記憶という重要な役割がある。この二つの機能に対応する電子機器は，シリコン集積回路で実現されている。思考に関しては中央演算処理装置（CPU：central processing unit）が，記憶に関しては各種のメモリデバイスがそれらの機能を果たしている。

表1.2 人体と電気・電子機器との比較

人体		電気・電子機器
脳	思考	CPU
	記憶	メモリ
五感		センサ
消化器官		太陽電池
筋肉	動作	アクチュエータ モータ
	指示	パワーデバイス

五感（見る，聞く，かぐ，味わう，触れる）としては，見ることに関しては以前からイメージセンサにより実現されている。そのほかの機能に関しても，最近はマイクロマシンの技術が進化し，小型マイク，臭いや味覚センサ，圧力センサなど各種センサが実現されている。

また，活動のためのエネルギーを発生させるのは，人体では消化器官であり，ブドウ糖の形で蓄える。電気・電子機器でも太陽電池で電気エネルギーを発生させ，蓄電池に蓄えることができる。最近では，フレキシブルな太陽電池も開発されている。

人間は筋肉を動かすことで実際の行動が可能となる。このとき，消化器官で発生した栄養（エネルギー）が脳の指令によって筋肉に送り込まれている。人間型ロボットの場合，実際に動くのはモータあるいはアクチュエータである。このとき，CPUの指令を受けて，モータあるいはアクチュエータに電気エネ

ルギーを送り込むのが，パワーデバイスの役割である．なお，モータは回転運動，アクチュエータは伸縮運動を行う装置である．人体の機能がアクチュエータ的であるのに対し，電気機器はモータ駆動が主である．

この際に，効率良く電気エネルギーを使用しないと，電池切れでロボットはすぐに動かなくなってしまう．かつ繊細な制御を行わないとロボットの動きはぎこちないものになる．パワーデバイスの性能が，いかに人間に近い，さらには人間以上の動きができるかの決め手となる．

1.2 パワーデバイスの用途

1.2.1 適用分野による分類

現在，パワーデバイスはさまざまな用途に用いられ，電力の変換・制御を行っている．パワーデバイスが用いられる分野は，**図1.1**に示したように，大まかに**電力用途**，**電気鉄道用途**，**産業用途**，**自動車用途**，**家電用途**，**通信・情報用途**に分類できる．

数千ボルトの超高電圧を扱う分野に，電力用途と電気鉄道用途がある．電力用途としては，直流送電や製鉄所の圧延プラントなどがあり，スイッチング用

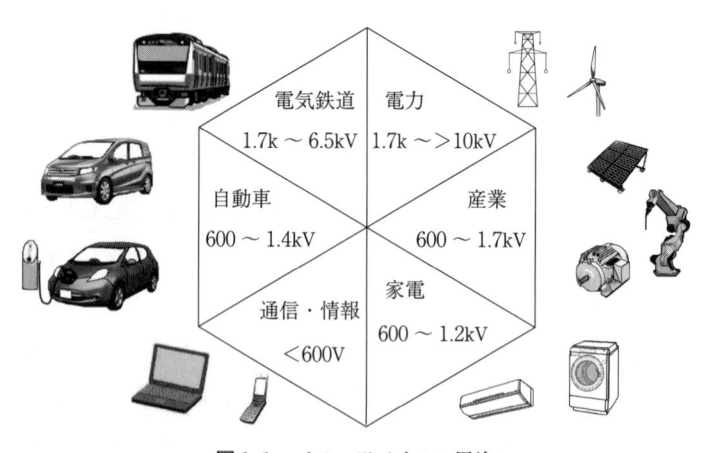

図1.1 パワーデバイスの用途

のパワーデバイスとして，耐圧が1 700～10 kV 程度までの**サイリスタ**や **HV**(high voltage)**-IGBT**（insulated gate bipolar transistor）が用いられている。電気鉄道用途は新幹線などの電気鉄道のモータ駆動用であり，電力用途と同様，耐圧が1 700～6 500 V のサイリスタや HV-IGBT が用いられている。

産業用途は最も市場規模の大きい分野であり，FA（factory automation）機器のモータ制御に用いられる。また，エレベータやエスカレータおよび自動ドアなどのビルシステムにもかかせないものとなっている。さらに，太陽光発電，風力発電などの自然エネルギーの有効利用の分野も含まれる。スイッチングデバイスとしては，耐圧が 600～1 200 V の IGBT がおもに用いられている。

自動車用途はハイブリッドカーや電気自動車のモータ駆動用であり，耐圧が600～1 400 V の IGBT がおもに用いられている。家電用途はエアコンや冷蔵庫などの電化製品用であり，600～1 200 V の IGBT や **HVIC**（HV integrated circuit）がおもに用いられている。

通信・情報用途にはパソコンや携帯電話などがあり，充電用のアダプターには必ず用いられている。パワーデバイスとしては，耐圧 600 V 程度以下の**パワー MOSFET**[†]（MOS field effect transistor）や HVIC が用いられている。

1.2.2　容量・動作速度による分類

図 1.2 は，パワーデバイスとして重要なスイッチングデバイスを，横軸に動作速度を，縦軸に電力容量をとり，使用される領域で分類したものである。サイリスタは，動作速度は遅いが大容量デバイスが実現されており，古くから電力，電気鉄道分野に利用されている。しかしながら最近では，騒音の問題などで新規開発品は HV-IGBT に置き替わってきている。特に，新幹線などの電気鉄道用途では，HV-IGBT の適用範囲が急速に広がっている。

パワー MOSFET は，電力容量は小さいが高速動作が可能であり，通信・情報分野では広く使用されており，市場規模は大きい。

[†]　モスフェットと読む。

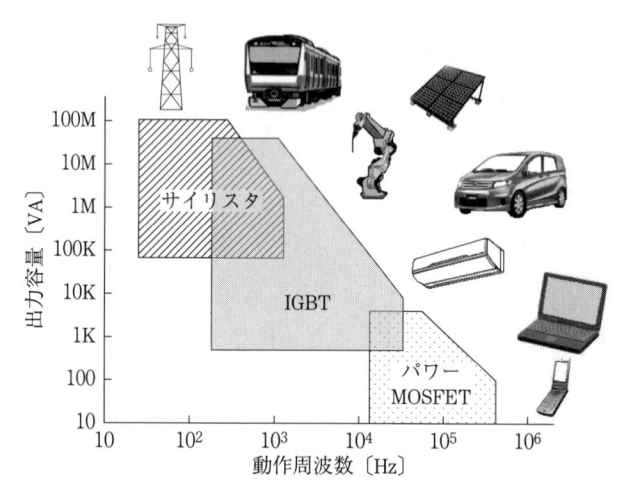

図1.2 パワーデバイスの適用領域

産業，自動車，家電といった分野は，高速動作と大容量化を両立できるIGBTの適用範囲が急激に伸展している。この領域での適用が，省エネルギーおよび低炭素化社会の実現につながり，パワーデバイスが重要な役割を果たしている。

1.3 身近で活躍するパワーデバイス

1.3.1 分散型発電とスマートグリッド

図1.3は，着実に浸透しつつある**分散型発電**の概要である。各家庭で必要な電力は個々に発電しようという考え方に基づく。家庭での発電は太陽電池などにより行われるが，最大の問題は，発電量が一定していないかあるいは制御できないことである。特に太陽電池の発電量は，天候に左右されるだけでなく，夜はまったく発電できない。したがって，家庭で発電する電気が余っているときは，電力会社に買い取ってもらい，電力が不足する夜などは電力会社からの供給を受けるようなシステムが必須である。

また，太陽電池や燃料電池で発生する電気は直流である。一方，家庭内で使

1.3 身近で活躍するパワーデバイス

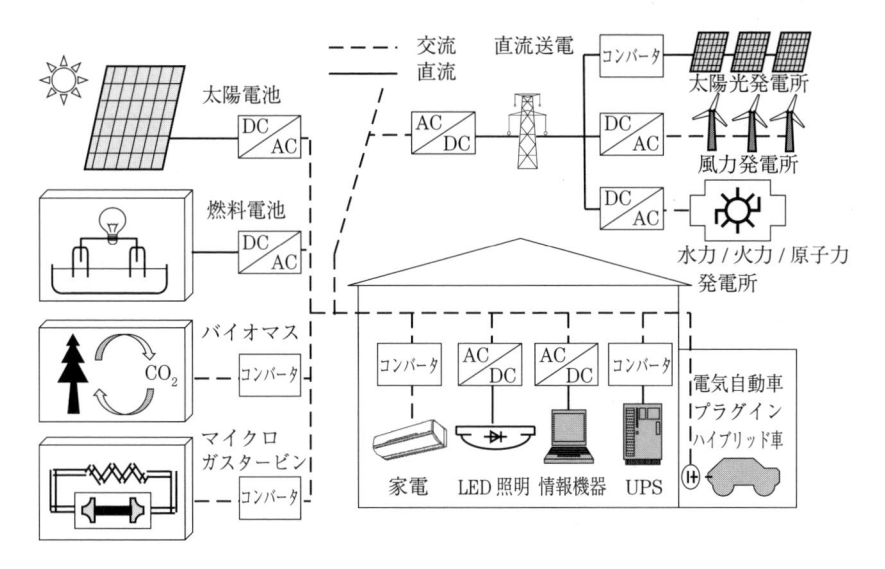

図1.3 分散型発電の模式図

用されているのは100 Vの交流である．したがって，さまざまな形態の電気エネルギーを家庭で使用できるように変換する必要がある．逆に，電気機器が必ずしも交流で動作するわけではない．パソコンや最近普及しつつあるLED（light emitting diode）照明は，直流動作である．その場合は，交流を直流に変換する必要がある．また，交流モータ駆動の電気製品を動かす場合でも，電圧や周波数の変換が必要である．

無停電電源（UPS：uninterruptible power supply）は，現状，一般家庭での普及率は低いが，病院では欠かせない設備である．もし，手術中に停電になれば命に関わる事態になるが，そのような場合にUPSがあれば一定時間電気を供給可能である．

これらの電力の変換はすべてパワーデバイスが行っている．よって，パワーデバイスの高効率化が非常に重要である．逆に言うと，パワーデバイスが高効率化したからこそ，このようなシステムが考えられるようになったのである．

さらに最近では，原子力発電の依存量を削減し，発電所自身にも大型の太陽

光発電，風力発電，地熱発電などの自然エネルギーを活用する動きが活発である。この動きを推進するためには，一般家庭からの電力の買上げ量の把握，大型発電所からの供給電力量の調整をリアルタイムで行っていく必要がある。そのため，各発電所から工場および家庭までの電力システムを，トータルでネットワーク管理する**スマートグリッド**と呼ばれるシステムが検討されている。**図1.4**にスマートグリッドの概念図を示す。電力変換の頻度がますます増加するため，ここでもパワーデバイスが重要な役割を果たすことは間違いない。

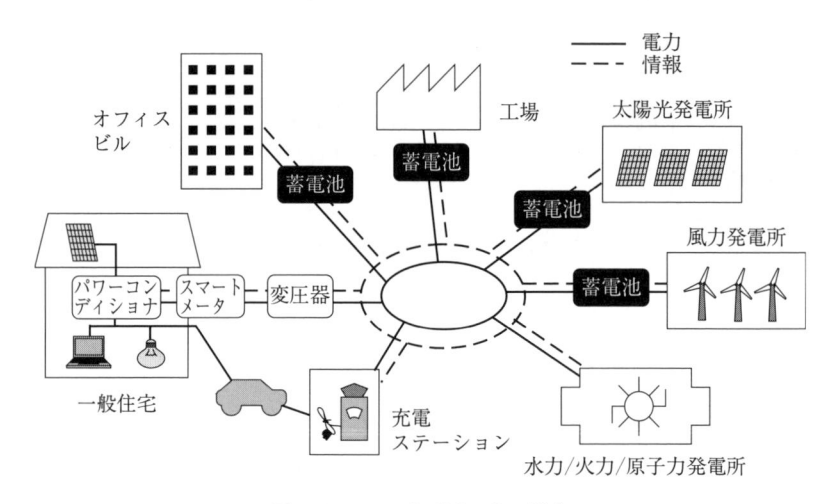

図1.4 スマートグリッドの概念

1.3.2 自動車からの CO_2 排出量削減

図1.5にいろいろな自動車からの CO_2 排出量を示す。ガソリン車からの CO_2 排出量削減が重要であるとともに，化石燃料枯渇の問題が重なり，エンジンとモータを併用した**ハイブリッドカー**やモータ駆動のみの**電気自動車**への移行が急速に進んでいる。さらに，水素を燃料とする**燃料電池車**の実用化が近づいている。ハイブリッドカー，電気自動車および燃料電池車においては，モータ駆動のためのインバータが搭載されている。

ハイブリッドカーや電気自動車で重要なのは，**回生**と呼ばれる動作である。回生動作では，ブレーキをかけるときの制動力を利用してモータを発電機とし

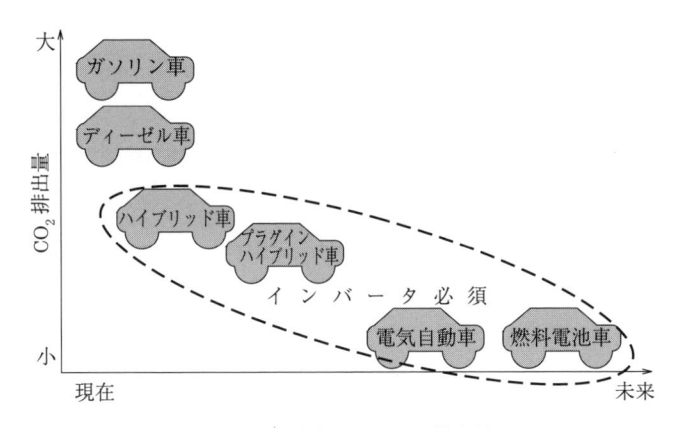

図1.5 自動車からの CO_2 排出量

て利用するか専用の発電機を用いるかして，インバータを通してバッテリーを充電している．これにより燃費が格段に上がる．

最近では，ショベルカーなどでも，首振り停止の際に回生動作させるハイブリッド建機が製造され，CO_2 排出量削減に寄与している．また，船舶においても，ディーゼルエンジンは発電機として使用し，スクリュー駆動をモータで行う電気推進船が開発されている．

1.3.3 家電への適用

近年，エアコンなどの家電のインバータ化が急速に進んだ．日本のエアコンのインバータ化率はほぼ100％であり，インバータ化されていないエアコンを探すほうが難しい．洗濯機や冷蔵庫のインバータ化も進んでいる．しかしながら，これは日本だけの状況である．中国や欧米でのエアコンのインバータ化率は驚くほど低い．これらの地域でもインバータ化が進行中で，今後さらに，パワーデバイスが浸透していく分野である．

プラズマディスプレイ（PDF：plasma display panel）やIH（induction heating）調理器などのモータを使用していない家電にも，パワーデバイスが使用されている．これらの装置では，高周波電流の供給が必須であり，パワーデバイスによるスイッチングが行われている．

> **コーヒーブレイク**

太陽電池による発電量

　図は，国別の**太陽電池**による発電量を比較したものである。2004 年まで，日本の太陽電池による発電量は世界一であった。その後ドイツに抜かれ，その差は広がるばかりである。

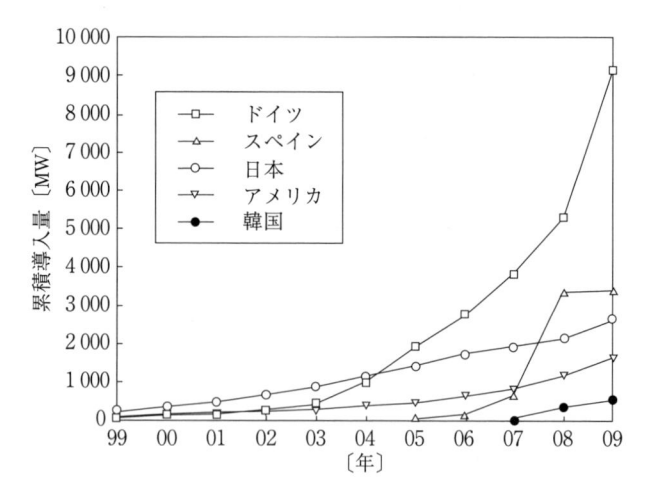

図　太陽電池による発電量〔出典：国際エネルギー機関（IEA）のデータ〕

　太陽の寿命は地球の寿命よりもはるかに長く，少なくとも地球上で人類が生活できる間は，無限にエネルギーを供給し続けてくれる。一方で，地球上での太陽電池による発電は，地球の自転と気候の影響を大きく受ける。つまり，晴れの日は必要がなくても発電し続け，逆に，夜は発電できず，曇りや雨の日は発電量が低下する。

　そのため，太陽電池の有効活用のためには，過剰な発電時には電力供給側に電力を戻し，発電量が少ないときには電力供給を受けるという電力会社の負担が大きくなるシステムを構築しなければならない。ドイツでは，国が主導でこのシステムを作り上げてきたことにより，今日の太陽光発電の急速な普及につながっている。スペインでは，一時的には大きな伸びを示したが，しっかりとしたバックアップがなく，伸びは飽和している。

　実際に日本が太陽光の発電量で世界一だった時期は，国が普及をけん引していた。最近，遅ればせながら，日本でも国の太陽光発電への支援が再開した。日本の地位がどこまで回復するかは，政治が主導権を握っている。

2 パワーデバイスによる電力変換

本章では,最初にパワーデバイスがどのように電力変換を行うのかを説明する。次に,パワーデバイスの最重要用途であるコンバータ / インバータシステムの構成と働きを述べる。最後に,パワーデバイスの進化の歴史と技術革新および課題の概要について解説する。

2.1 パワーデバイスによる直流−交流の相互変換

2.1.1 交流から直流への変換

ダイオードとは,通常二つの端子を持ち,一方向にのみ電流を流すデバイス(整流器)である[†]。**図 2.1**(a)はダイオードの記号であり,**アノード**(A)側にプラス,**カソード**(K)側にマイナスの電圧を印加した場合は電流が流れるが,逆方向のバイアスでは電流が流れない。ダイオードを用いて,交流を直流に変換することが可能である。その場合の回路を図 2.1(b)に示す。この回路を**全波整流回路**と呼ぶ。

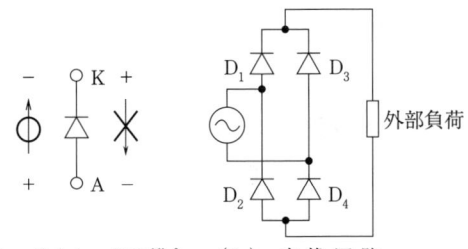

(a) ダイオードの働き　(b) 変換回路

図 2.1　ダイオードの働きと交流を直流に変換する回路

[†] 整流器の正式な呼称は rectifier であるが,日本では,整流器のことをダイオードと呼ぶ場合が多い。

図 2.2 に，交流が直流に変換される機構を示す．交流は，図中の破線で示したように，時間的に電圧の向きが反転する．図で上がプラス，下がマイナスの場合は，D_1 を流れた電流が外部負荷に流れ，D_4 を通り電源に戻る．

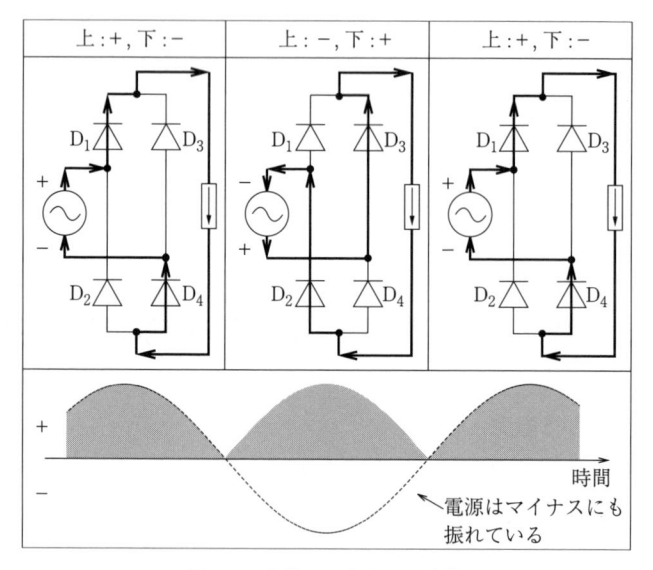

図 2.2　交流から直流への変換

次に，下がプラス，上がマイナスの場合は，D_3 を流れた電流が外部負荷に流れ，D_2 を通り電源に戻る．これらの動作が繰り返されることにより，電源電圧の向きが変化しても，つねに外部負荷には同じ方向の電流が流れており（図中の網掛け部），交流が直流に変換されたことになる．

2.1.2　直流から交流への変換

一方，直流から交流の変換は，図 2.3（a）に示した回路で実現可能である．この回路では，図 2.3（b）に示したように，スイッチ 1（S_1）とスイッチ 4（S_4），スイッチ 2（S_2）とスイッチ 3（S_3）は連動しており，S_1 と S_4 が同時にオンのときは S_2 と S_3 は同時にオフ，S_1 と S_4 が同時にオフのときは S_2 と S_3 は同時にオンになるとする．

図 2.4 に，直流が交流に変換される機構を示す．入力電源は直流であるか

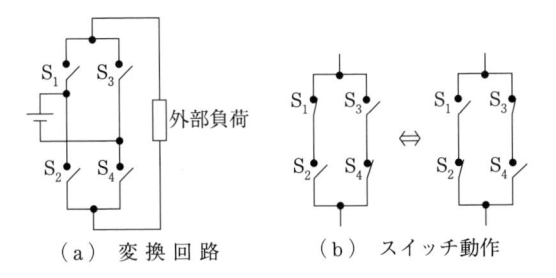

図 2.3 直流を交流に変換する回路とその動作

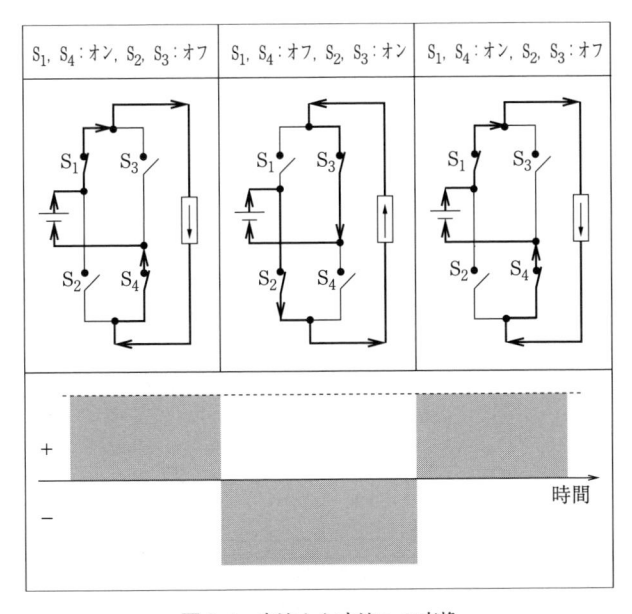

図 2.4 直流から交流への変換

ら,つねに同じ方向(図では上方向)に電流を流そうとする。まず,S_1 と S_4 がオンのときは,S_1 を通った電流が外部負荷を図の下方向に流れ,S_4 を流れて電源に戻る。

次に,S_2 と S_3 がオンのときは,S_2 を通った電流が外部負荷を図の上方向に流れ,S_3 を流れて電源に戻る。これらの動作が繰り返されることにより,外部負荷には時間的に逆方向に電流が流れ(図中の網掛け部),直流が交流に変換される。

ただし，実際には，このようなスイッチングを機械的に行うわけにはいかない。そこで，外部からの電気信号で動作するスイッチがあれば非常に有効である。実際に，電気信号を入力としてスイッチング動作を行い，電力を制御するスイッチングデバイスがパワーデバイスであり，直流を交流に変換するシステムがインバータである。

2.1.3 スイッチングデバイスの損失とトレードオフ関係

図 2.5 に，スイッチングデバイスのオン／オフ動作と電力損失の関係を示す。オフ時には，大きな電圧が印加され，漏れ電流が流れる。このときの損失（**オフ損失**）は，この漏れ電流による損失である。理想的には漏れ電流がゼロで，オフ損失がゼロであることが望ましい。

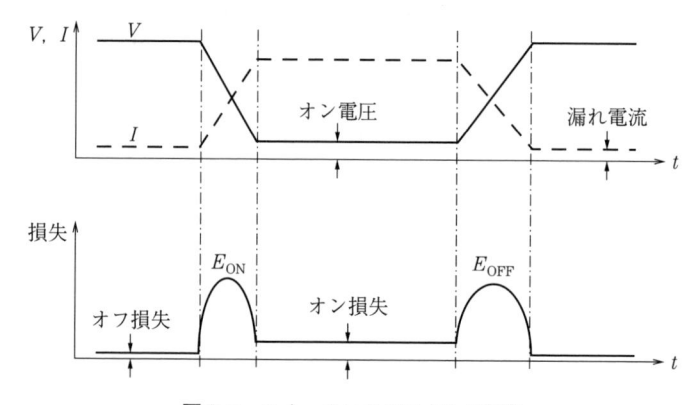

図 2.5　スイッチングデバイスの損失

オン時には，負荷に大電流が流れる。このときは，デバイスのオン抵抗分の電圧降下がオン電圧として発生する。このオン抵抗による損失が**オン損失**である。理想的にはオン抵抗がゼロで，オン損失がゼロであることが望ましい。

オフからオン，オンからオフのスイッチング動作における過渡電圧と過渡電流の積が，**スイッチング損失**である。オフからオンに切り替わるときの損失 E_{ON} と，オンからオフに切り替わるときの損失 E_{OFF} が発生する。理想的には，オン／オフ動作が瞬間的に行われれば，スイッチング損失はゼロとなる。

一般に，オン抵抗の値とスイッチング損失の間には，一方を良くすると他方が悪化するトレードオフの関係がある。パワーデバイスにおいては，後述の**安全動作領域**を含めた三者間の**トレードオフ関係**が存在し，トータルで性能を向上させていく技術開発が要求される。

2.2 コンバータ / インバータシステム

2.2.1 コンバータ / インバータシステムの構成

図2.6は，一般的な**コンバータ / インバータシステム**の構成である。入力が三相交流電源で，三相モータを駆動する場合の例を示した。入力が単相の場合は，図2.1（b）の構成となる。コンバータ部はダイオードで構成されており，整流作用によりいったん直流に変換される。**平滑コンデンサ**は，電荷を蓄えるとともに，脈流のないきれいな直流にする作用がある。なお，コンバータ部にスイッチング機能を持たせる場合もある。

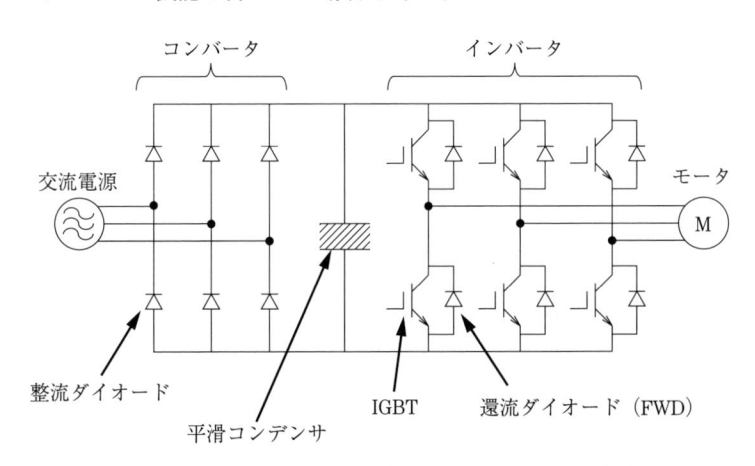

図2.6 典型的なコンバータ / インバータシステムの構成

インバータ部は，スイッチングデバイスと**還流ダイオード**（**FWD**：free wheel diode）で構成されている。図は，スイッチングデバイスがIGBTの場合である。スイッチングにより直流が交流に変換され，三相モータの回転が制御される。

パワーデバイスは，複数のデバイスを一つのパッケージに搭載することが多い。複数のデバイスを搭載したパワーデバイスは，**パワーモジュール**とも呼ばれる。一方，単体のデバイスはディスクリートデバイスと呼ばれ，モジュールに搭載されている単体デバイスを**パワーチップ**と呼んで区別する場合が多い。

2.2.2 三相モータの駆動

図 2.7 に，三相モータをインバータ駆動する場合の例を示す。図 2.7（b）に各相のスイッチングのタイミングを示す。電圧は，入力側の仮想中点を 0 V として表示している。V_u, V_v, V_w は，それぞれ U，V，W 点の電圧である。また，V_{uv} は相間電圧，V_{un} は N 点から見た各相の電圧の例である。

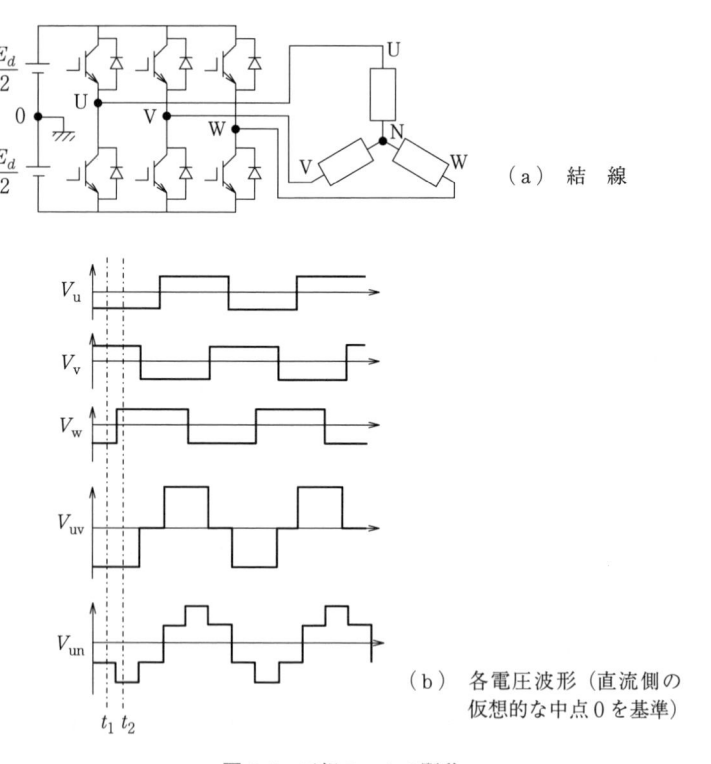

（a）結線

（b）各電圧波形（直流側の仮想的な中点 0 を基準）

図 2.7 三相モータの駆動

U, V, W点の電圧は，各相の上側のスイッチと下側のスイッチの切替えにより，正負に変化する．各相のスイッチングのタイミングをずらすことにより，相間電圧（V_{uv}）は3レベルで変化する．さらに，N点から見た各相の電圧（V_{un}）は4レベルで変化する．

2.2.3 還流ダイオードの働き

モータはインダクタンス成分を有するため，スイッチングデバイスがオフになっても回路に流れる電流はすぐにはゼロにならない．その電流を回避するためのデバイスが **FWD** である．

図 2.8 に，W相が切り替わった場合の FWD の働きを示す．いま，図 2.7 における $t=t_1$ の状態から $t=t_2$ の状態へ切り替わった直後を考える．$t=t_1$ においては，U相とW相は上側のスイッチがオフ，下側のスイッチがオンであり，V相は上側のスイッチがオン，下側のスイッチがオフである．

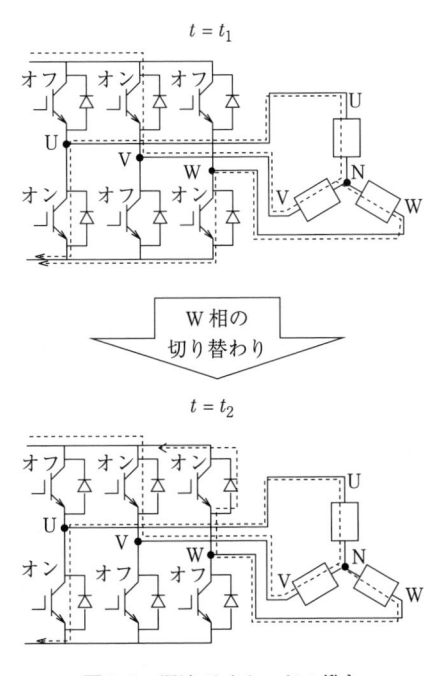

図 2.8 還流ダイオードの働き

その後，W相の上側のスイッチがオフからオンに，下側のスイッチがオンからオフに切り替わる。下側がオフになると，電流の流れる先がなくなるが，上側のスイッチと並列にFWDが挿入されているので，このFWDを通して電流が流れることが可能となる。インダクタンス成分による電流が減衰すると，W相の上側のスイッチを通してオン電流が流れる定常状態になる。

2.3　パワーデバイスの進化[†]

2.3.1　パワーデバイスの技術革新

図2.9は，パワーデバイスの進化の歴史を示したものである。パワーデバイス実用化の歴史は，1960年代に**サイリスタ**による大電力制御が可能になっ

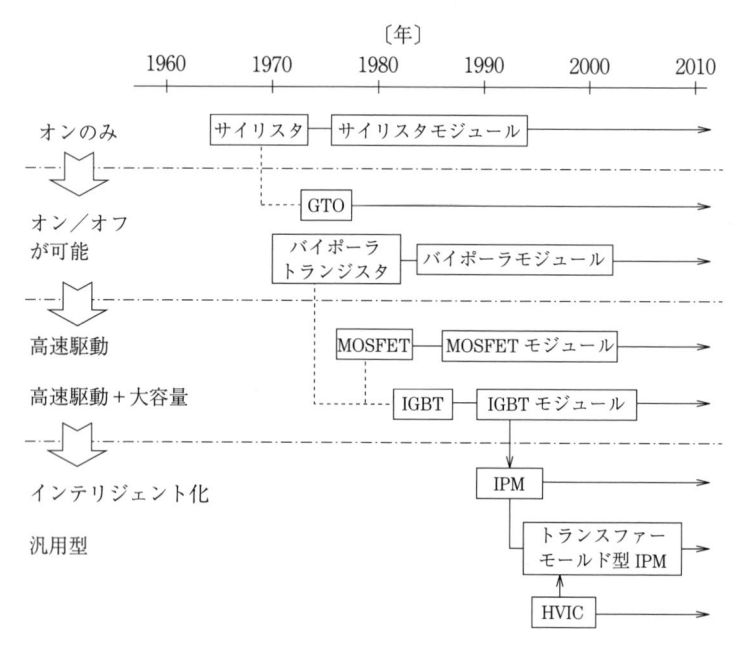

図2.9　パワーデバイスの進化

[†]　個々のデバイスに関しては，後の章で詳しく解説する。

たのが始まりである．ただし，サイリスタは外部信号によりオンはできるが，オフはできないデバイスである．サイリスタをオフにするには逆バイアスを印加しなければならない．したがって，複雑な回路を用いない限り，サイリスタが電力制御可能なのは交流に対してのみである．

次に実用化された**パワーバイポーラトランジスタ**は，外部信号によるオン，オフが可能な**自己消弧（自己ターンオフ）型**デバイスである．パワーバイポーラトランジスタの実用化に刺激され，サイリスタにおいても，構造開発により，自己消弧型デバイスである **GTO**（gate tern off）**サイリスタ**が開発された．現在でも開発されているサイリスタは，GTO タイプである．

その後，1970 年代中ごろ，絶縁ゲートを用いた電圧制御型の**パワーMOSFET** が開発され，高速動作の可能なパワーデバイスが実用化された．そして，1980 年代中ごろに登場した **IGBT** は，絶縁ゲートによる電圧制御とバイポーラ型による大容量の両方を兼ね備えたデバイスとして，一躍パワーデバイスの主役となった．

さらに，駆動回路や保護回路および制御回路を内蔵させ，スイッチングデバイスとともにインテリジェント化した **IPM**（intelligent power module）が開発され，パワーデバイスがいっそう使いやすいものとなった．さらに，HVIC の技術を適用して，すべてシリコンチップで構成したトランスファーモールド型の IPM が開発された．

2.3.2 IGBT の技術革新

IGBT は，高性能化，低コスト化，および多機能化が継続的に実施されてきた．高性能化はシリコン集積回路同様，微細化によりなされてきた．加えて，トレンチゲート化によるチップシュリンクや新構造の採用により性能を向上させてきた．また，チップシュリンクとウェーハの大直径化およびチップ製造プロセスの安定化によるチップ取れ数向上で低コスト化がなされてきた．さらに，**FZ**（floating zone）**ウェーハ**と**薄ウェーハプロセス**の組合せによる低コスト化も進んでいる．

最近では，シリコンパワーデバイスがシリコンの材料限界近くまで性能が向上してきたため，IGBT の多機能化が検討されている。IGBT とダイオードを 1 チップに集積した**逆導通 IGBT**（**RC-IGBT**：reverse conducting IGBT）や，**逆阻止 IGBT**（**RB-IGBT**：reverse blocking IGBT）が開発されている。

2.3.3 新材料によるブレイクスルー

シリコンの材料限界をシリコン以外の材料を適用することによりブレイクスルーしようとする動きも活発である。**ワイドギャップ半導体**パワーデバイスは，シリコンデバイスと比較して，小型化，高温動作，および高速駆動が可能なデバイスとして注目されている。

ワイドギャップ半導体パワーデバイスとしては，**SiC** および **GaN** を用いたデバイスの開発が進められており，炭素（ダイヤモンド）を用いたデバイスの検討もなされている。しかしながら，材料および製造プロセスにおける課題が多い。

以上のように，パワーチップの技術開発は，**高性能化**，**低コスト化**，**多機能化**，および**新材料**の 4 本柱で支えられている。この関係を**図 2.10** に模式的に示す。

図 2.10 パワーチップ開発の 4 本柱

> **コーヒーブレイク**

直流と交流をめぐる歴史

現在，われわれは直流と交流を使用しているが，どうして両方を使い分けているのであろうか．**表**に，直流と交流の簡単な歴史を示す．人類が最初に手に入れたのは直流である．1800年の**ボルタ電池**の発明は画期的であった．これにより，人類は定常的な電気を利用することができるようになり，電気分解による新元素の発見などにつながった．

交流の起源は，1831年のファラデーの**電磁誘導**の発見である．最初は，電磁誘導も直流の発生に使用されていたが，1882年には交流発電機が発明された．その後，1880年代後半のアメリカでは，電力事業に直流を用いるか，交流を用いるかという**電流戦争**が起こり，1890年に，経済性の良好な交流が勝利した．そして今日に至るまで，全世界の家庭には交流が供給されている．

しかしながら，最近ではディジタル機器が増え，家庭用としても太陽電池が普及してきていることを考えると，第二の電流戦争が起こることも考えられる．実際に，スマートグリッドの実証実験と合わせ，直流給電の可能性の見極めが始まっている．

表 直流と交流をめぐる歴史

直　流	交　流
1800年　ボルタ電池の発明（ボルタ）	
	1831年　電磁誘導の発見（ファラデー）
1832年　電磁誘導を利用したダイナモ	
1839年　燃料電池の原型	
	1882年　2相交流発電機の発明

電　流　戦　争
↓
1890年　経済性の良好な交流が勝利

3 原子と結晶

本章では，原子の構造と原子が結合して形成される結晶について述べる。また，半導体デバイスの動作を考える場合の基本となるエネルギーバンド構造に関する説明を行う。さらに，不純物を含む結晶欠陥の半導体中での振る舞いを解説する。

3.1 原子構造と元素の周期性

3.1.1 原子構造

原子は，プラスの電荷を持った**原子核**と同数のマイナスの電荷を持った**電子**で構成されている。プラス電荷は原子の中心に集中し原子核を形成し，電子は原子核のまわりに分散して存在する。また，原子核は，プラス電荷を持った粒子である**陽子**（プロトン）と，電気的に中性な**中性子**（ニュートロン）で構成されている。

われわれの世界には**同位体**と呼ばれる，陽子の数は同じであるが，中性子の数が数個異なる原子が存在する。原子のおもな性質は陽子の数（つまり，電子の数）で決まるため，このグループをまとめて**元素**と呼ぶ。言い換えると，同位体は同じ元素のグループに属するが，異なる原子である。

3.1.2 元素の周期性

元素を，原子核の電荷量（陽子の数）の順に並べると，周期的に似た性質のものが現れるが，それを表にまとめたものが元素の**周期律表**[†]である。なお，原子番号は，原子核を構成する陽子の数に等しい。これまで，単体で半導体と

[†] 付録1および本章のコーヒーブレイクを参照。

して使われたあるいは今後使われそうな元素は，Ⅳ族（長周期律表では14族）のゲルマニウム（Ge），シリコン（Si）および炭素（C：ダイヤモンド，フラーレン，カーボンナノチューブ，グラフェンなど）である[†]。

元素の周期性は，原子核のまわりを回る電子の軌道の**殻構造**で説明できる。電子の軌道は内側から，K殻（$n=1$），L殻（$n=2$），M殻（$n=3$），N殻（$n=4$）…となり，それぞれに入ることのできる電子の個数Nには以下の制限がある。

$$N = 2n^2 \tag{3.1}$$

そして，元素の化学的な性質は，おもに最外殻の電子（これらを**価電子**と呼ぶ）の数で決まる。つまり，図**3.1**に示すように，Ⅳ族元素のゲルマニウム，シリコン，炭素の価電子の数はともに4個であり，半導体になるという類似の性質を有する。

(a) 炭素　　(b) シリコン　　(c) ゲルマニウム

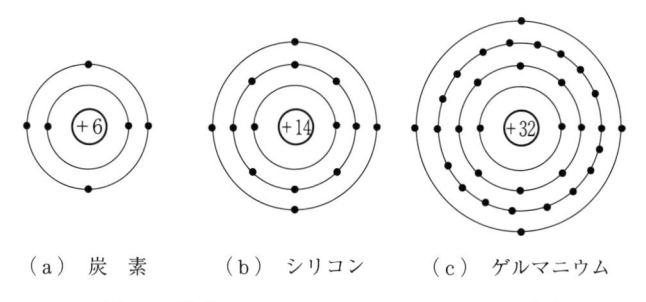

図3.1　炭素，シリコン，ゲルマニウムの原子構造

本書ではこれ以上は立ち入らないが，原子のようなミクロな世界の運動は，20世紀になって確立された（まだ確立途中の）量子力学で記述される。

3.1.3　Ⅳ族原子の結晶構造

Ⅳ族原子の四つの価電子は，結晶化のための結合の手を形成する。このときの結合手の向きは，図**3.2**（a）に示すように，正四面体の四つの頂点の向きである。それが規則的に並んで，図3.2（b）に示したような結晶構造を形成する。この結晶構造は，一般に**ダイヤモンド構造**と呼ばれている。

[†] Ⅵ族のセレン（Se）を用いた整流器が使われていた時代もある。

24   3. 原 子 と 結 晶

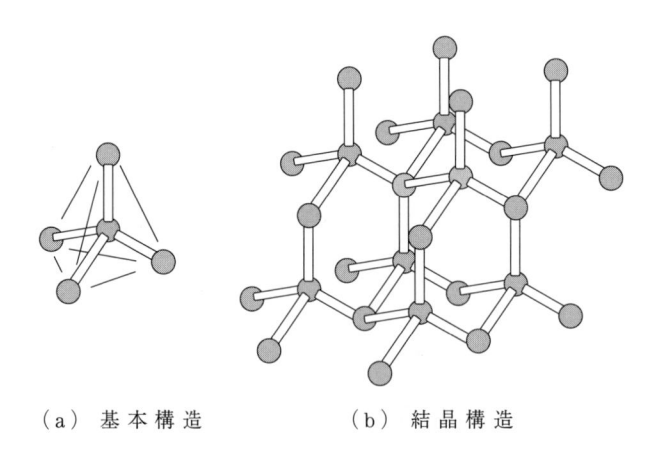

(a) 基本構造   (b) 結晶構造

図 3.2　Ⅳ族原子からなる結晶

　図 3.3（a）は，ダイヤモンド構造を別の方向から見たものである。図中に示した a の長さを格子定数と呼ぶ。ダイヤモンド構造は，図 3.3（b）に示したように，二つの面心立方格子†が $(a/4,\ a/4,\ a/4)$ だけずれて重なった構造をしている。

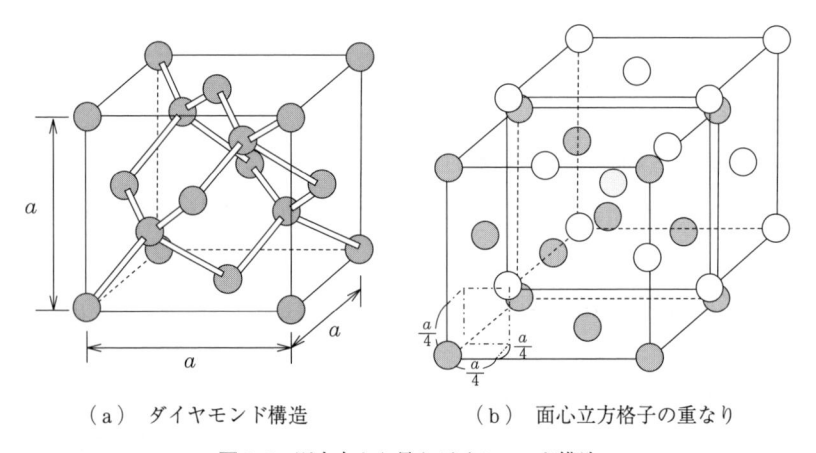

(a) ダイヤモンド構造   (b) 面心立方格子の重なり

図 3.3　別方向から見たダイヤモンド構造

---

†　立方体の八つの頂点と六つの面の中心に原子が存在する結晶構造。

3.2 半導体結晶とエネルギーバンド

3.2.1 原子/分子間の結合

原子/分子間の結合の種類と特徴を**表3.1**に示す。一般に，結晶を構成する原子間の距離が短いほど，原子/分子間の結合エネルギーは大きい。

表3.1 原子/分子間の結合の種類

結晶	結合エネルギー（大きい順）	原子間距離（小さい順）
イオン結合結晶	2	3
共有結合結晶	1	1～2
金属結合結晶	3	1～2
水素結合を持つ結晶	4	4
分子結晶	5	5

共有結合とは，2原子間で電子を共有することによる結合である。共有結合は最も結合力の強い結合である。そのため，物理的に非常に硬く，化学的な反応を起こしにくく，安定している。

イオン結合とは，原子間で電子の授受が行われることにより原子がイオン化し，その結果生じた静電引力による結合である。イオン結合も原子間の結合力は強い。身近でよく知られている物質には，塩化ナトリウムなどのハロゲン化アルカリ（Ⅰ族-Ⅶ族化合物）がある。

結合力が強く，常温で安定して固体となる結合に**金属結合**がある。金属結合結晶は電気伝導率および熱伝導率が大きく，中に低温で超伝導性を示すものがある。ただし，共有結合やイオン結合ほどは結合力が強くないので，展性や延性がある。金箔ができるのはそのためである。また，容易に合金化する。

そのほかに，結合力は弱いが，**水素結合を持つ結晶**と**分子結晶**がある。水素結合は，原子と共有結合した水素が他の原子と非共有性の結合を形成するものであり，氷がこの例である。

分子結晶は最も結合力が弱く，**ファンデルワールス結晶**とも呼ばれる。柔らかく，融点・沸点が低い。しばしば相転移を起こす。酸素，窒素，メタン，アンモニア，アルゴンなどがこの例である。

3.2.2 半導体結晶

半導体となるⅣ族結晶の結合は，共有結合である。そのため，半導体結晶は非常に硬く，よく知られているように，ダイヤモンドは地球上で最も硬い物質である。

半導体には，化合物半導体と呼ばれる一連の半導体群がある。半導体の性質を持つ化合物は，Ⅲ族（長周期表では13族）とⅤ族（長周期表では15族）の化合物であるⅢ-Ⅴ族化合物半導体，Ⅱ族（長周期表では12族）とⅥ族（長周期表では16族）の化合物であるⅡ-Ⅵ族化合物半導体，Ⅳ族とⅣ族の化合物であるⅣ-Ⅳ族化合物半導体など，族数を平均すると"Ⅳ"になる化合物が主である。これらの化合物では，原子間の結合に電子の移動が関係するため，イオン結合と共有結合の両方の成分を含んだ結合となる。

結晶構造は，ダイヤモンド構造と同様，正四面体構造が基本であるが，ダイヤモンド構造と同等の構造をとるものと，結合手のまわりに回転が加わった構造をとるものがある[†]。

3.2.3 エネルギーバンド構造

電子がとり得るエネルギーは，その環境により異なる。自由空間にある電子は，どのようなエネルギーもとり得る。一方，原子中の電子は最も束縛の強い状態であり，離散的なエネルギーしかとることができない。そのために，電子の殻構造が形成される。結晶中の電子はこれらの中間の状態であり，とり得るエネルギー値が幅を持つ。

エネルギー値の広がりは原子間の距離に依存する。シリコン結晶の場合の関

[†] 回転が加わった場合の結晶構造は六角柱が基本構造となり，六方晶と呼ばれる。一方，ダイヤモンド構造は立方体が基本構造であり，立方晶に分類される。

3.2 半導体結晶とエネルギーバンド

係を**図 3.4** に模式的に示す。量子力学的な計算に従うと，孤立したシリコン原子の価電子（M 殻の電子）は，3s および 3p と呼ばれるエネルギーの異なる準位[†]に存在する。3s と 3p のエネルギー準位は，原子間の距離が小さくなると分裂する。そして，さらに原子間距離が小さくなると，3s と 3p の準位がいったん混合し，新しい二つの準位に分裂する。

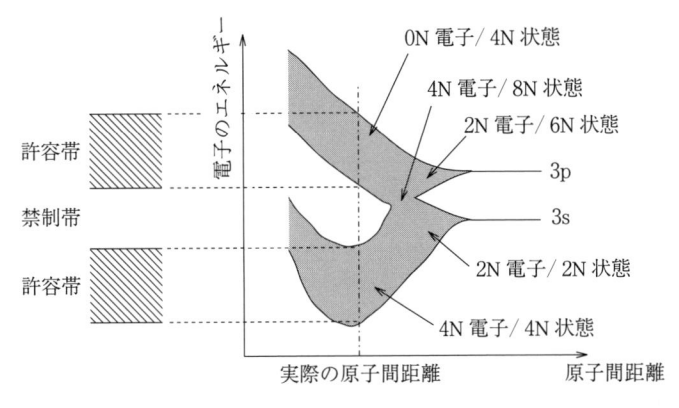

図 3.4 エネルギーバンドの形成

このエネルギーの広がりを**エネルギーバンド**（**エネルギー帯**）と呼び，電子が存在可能なエネルギーバンド（**許容帯**）と存在できないエネルギーバンド（**禁制帯**）が順に形成される。シリコン結晶の 3s と 3p の準位から形成されるエネルギーバンド（ダイヤモンドでは 2s と 2p，ゲルマニウムでは 4s と 4p）においては，エネルギーの低いほうの準位は価電子で充満している。この許容帯を**価電子帯**，その直上の空の許容帯を**伝導帯**と呼ぶ。伝導帯と価電子帯の間の禁制帯のエネルギー幅 E_g は**バンドギャップ**と呼ばれ，半導体の特性をつかさどっている。シリコン結晶の E_g は，室温で 1.1eV である。

代表的な半導体の格子定数とバンドギャップの関係を**図 3.5** に示す。一般的な傾向としては，格子定数が小さい半導体ほどバンドギャップが大きい。格子定数は，結晶における原子間の距離に関係している。周期律表において，上

[†] s および p は，原子内の電子軌道の形状の違いを表す。

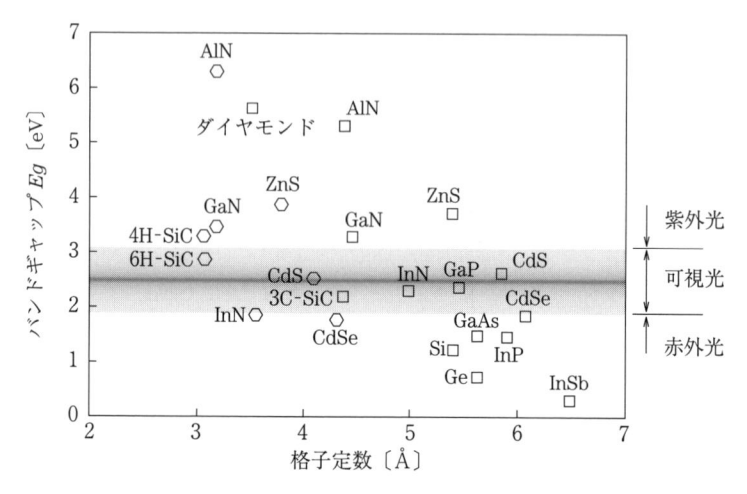

図3.5 さまざまな半導体の格子定数とバンドギャップの関係

に位置する元素ほど原子半径が小さい。したがって、窒素や炭素を含む化合物半導体のバンドギャップは大きくなる。12章で扱うSiCやGaNなどのワイドギャップ半導体は、文字どおりバンドギャップの大きい半導体である。なお、図中の□(立方晶) と ○(六方晶) は結晶構造の違いを表す。

バンドギャップは、半導体における光吸収あるいは発光と密接にかかわっている。図中にバンドギャップと光のエネルギー域の関係を示した。図が示すように、可視光の吸収/発光デバイスには、GaP、SiC、GaNなどが用いられている。なお、吸収/発光波長は、ある程度は不純物をドーピングして調整可能である。一方、シリコンは、光用途としては赤外領域となる。

3.2.4 金属，半導体，絶縁体のエネルギーバンド図

図3.6に、エネルギーバンド構造から見た**金属**，**半導体**，**絶縁体**の違いを示した。図3.6 (a) は金属のエネルギーバンド構造であり、許容帯の途中まで電子が埋まっている。この電子は電気伝導を担うことができる。このような状態は、エネルギー準位の広がりにより、許容帯どうしが重なった場合にも起こる。

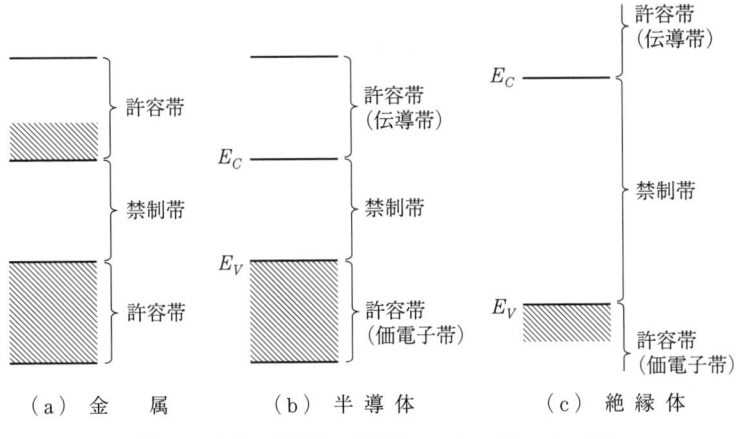

図 3.6 金属，半導体，絶縁体のエネルギーバンド図

図 3.6（b）は半導体のエネルギーバンド構造である。半導体の禁制帯幅は1〜3 eV 程度であり，絶対零度では伝導キャリヤは存在しないが，室温程度でもいくらかのキャリヤが存在する。逆に，室温程度では電気伝導に十分なほどはキャリヤが励起していないので，不純物ドーピングによる伝導度制御[†1]が有効となる。

図 3.6（c）は絶縁体のエネルギーバンド構造であり，禁制帯幅が 5 eV 程度以上ある。そのため，室温程度ではほとんど伝導キャリヤは存在しない。ただし，伝導帯あるいは価電子帯近くに準位を形成できる不純物があると，半導体になり得る。

3.3 結晶欠陥

3.3.1 結晶欠陥の分類

結晶における原子の規則的な配列を乱すものは，すべて**結晶欠陥**である。エネルギーバンド構造の起源は，結晶の周期性である[†2]。結晶欠陥部には，原

[†1] 4.1.2 項参照。
[†2] 量子力学的に表現すると，「シュレディンガーの波動方程式を周期的境界条件のもとに解くと，エネルギーバンド構造が導かれる」となる。

子間の結合手の切断部や種の異なる不純物原子が存在する。そのため，結晶欠陥は，新たなエネルギー準位を形成する。特に半導体デバイスに影響を与えるのは，禁制帯中に形成されるエネルギー準位である[†1]。

表3.2に結晶欠陥の分類を示す。結晶欠陥には，ゼロ次元の欠陥である点欠陥，一次元の欠陥である線欠陥，二次元の欠陥である面欠陥，三次元の欠陥である体積欠陥がある。

表3.2 結晶欠陥の分類

結晶欠陥のタイプ			実際の結晶欠陥
次 元	形 態		
ゼロ次元	点欠陥	内因性	空孔（V） 格子間原子（I）
		外因性	格子位置不純物 格子間不純物
一次元	線欠陥		転位
二次元	面欠陥		積層欠陥 双晶 境界（表面，界面）
三次元	体積欠陥		欠損（ボイド） 析出物

内因性の点欠陥とは，結晶構成原子に起因した点欠陥であり，原子が抜けた**空孔**（V：vacancy）と**格子間原子**（I：interstisial）がある。外因性の点欠陥とは不純物原子に起因した点欠陥であり，格子位置に入る場合と格子間に入る場合がある。

線欠陥は，一般に転位と呼ばれる欠陥である。結晶に応力[†2]が加わると，ずれが生じる場合がある。このずれの境界に線状に形成される欠陥が**転位**である。応力の方向に対し垂直に形成されるのが刃状転位であり，平行に形成されるのが，らせん転位である。

面欠陥の代表は**積層欠陥**である。積層欠陥とは，結晶における原子の積み重なり方の乱れである。規則的な結晶面の重なりにおいて，部分的に面が抜ける

[†1] 3.3.3項および5.3.3項参照。
[†2] 結晶に加わる応力をベクトルで表したものを，バーガーズベクトルと呼ぶ。

場合と面が余分に挿入される場合がある．積層欠陥は面欠陥であるが，積層欠陥を取り囲む周囲には転位が形成される．また，多結晶や接合における単結晶どうしの界面や結晶の表面も面欠陥である．

体積欠陥は，結晶中に塊で形成される欠陥である．欠損（ボイド）とは空孔が多数集合し，塊状に抜けが形成された部分である．析出物とは，酸化物や部分的な半導体と不純物との合金（シリコンの場合であれば不純物のシリサイド）が形成された部分である．

3.3.2 結晶欠陥の二面性

シリコン中には，さまざまな結晶欠陥が，意図的にもしくは予期せずに導入される．筆者は，ウェーハの製造プロセスおよびデバイスの製造プロセス中に導入される結晶欠陥を総称して，**プロセス導入欠陥**（**PRIDE**：process induced defect）と呼んでいる．

表3.3は，PRIDEの二面性を示したものである．PRIDEにはデバイスを作り込むためのPRIDE（**良性PRIDE**）とデバイスに悪影響を与えるPRIDE（**悪性PRIDE**）がある．良性PRIDEは，制御された条件のもと意図的に導入する．一方，悪性PRIDEは，製造プロセス中に予期せずに導入される．

表3.3 結晶欠陥の二面性

良性 PRIDE	悪性 PRIDE
・ドーパント ⇒ p型，n型の制御	・COP ⇒ 酸化膜耐圧劣化，素子分離不良
・pn接合 ⇒ ダイオード，トランジスタ	・動作領域の転位や析出物 ⇒ リーク不良
・MOS接合 ⇒ MOSFET	・表面，界面 ⇒ 特性異常
・ショットキー接合⇒ショットキーダイオード	・物理的汚染 ⇒ 特性異常，プロセス異常
・発光中心 ⇒ 発光ダイオード	（重金属，アルカリ金属，ドーパント，
・再結合中心 ⇒ スイッチングタイム制御	有機物など）
・動作領域以外の欠陥 ⇒ ゲッタリング	・化学的汚染⇒銅汚染による表面ピットの形成

PRIDE（プロセス導入欠陥）

ドーパント不純物は，p型，n型の制御を行うための不純物である．導電型の制御は，半導体デバイスにとって必須である．そして，p型，n型の制御を行い，pn接合，MOS接合，ショットキー接触などを形成することにより，初

めてダイオードやトランジスタなどの能動デバイスを作ることができる。

ドーパント以外にも，意図的に不純物が導入される場合がある。発光ダイオードや半導体レーザでは，所望の色を発光させるために発光中心となる不純物を導入している。また，後述のパワーデバイスにおけるライフタイム制御は，結晶欠陥の導入により行われる。

ゲッタリングとは，デバイス動作領域以外の領域に故意に欠陥を形成する技術である。半導体中の重金属不純物はデバイス不良を引き起こすことが多いが，これらの不純物はエネルギー的に安定な欠陥部に集まる性質を利用して，ゲッタリングが可能である。

一方，悪性 PRIDE は，さまざまな不良を引き起こす。COP（crystal originated particle）は，単結晶育成中に形成される 0.1～0.3 μm 程度のボイド欠陥（欠損）である。1990 年代にシリコン MOS-LSI で, COP による大問題が発生したことがある。

デバイスの動作領域に転位や析出物などの結晶欠陥が形成されると，デバイスのリーク不良が引き起こされる。特に，大電流を扱うパワーデバイスにおいては管理が重要である。

半導体デバイス製造においては，つねに結晶（ウェーハ）の界面および表面の状態を管理しなければならない。シリコンにおいては，シリコン酸化膜による保護（不働態化）が有効である。

半導体デバイス製造プロセス中には物理的な汚染[†]として，さまざまな不純物が導入される可能性がある。重金属，アルカリ金属，ドーパント不純物，あるいは有機物などが管理されていない状態で導入されると，さまざまな不具合を引き起こす。

不純物の物理的な汚染以外に，不純物の種類によっては，化学的な反応で不良を引き起こすものがある。実際にシリコンデバイス製造プロセス中では，銅（Cu）による不良が発生している。シリコン表面に銅が付着した状態で，純水あるいはフッ酸中に入ると，シリコン表面が局所的に酸化される。酸化により，表面に凹部が形成され，不具合を発生させることがある。

[†] 単に汚染といった場合は，物理的な汚染を指すことが多い。

3.3.3 不純物のエネルギー準位

図 3.7は，さまざまな不純物が占めるシリコン禁制帯中での**エネルギー準位**である．図中のAはアクセプタ型，Dはドナー型であることを示す．特に表示のないものは，禁制帯中央より下の準位はアクセプタ型，禁制帯中央より上の準位はドナー型である．

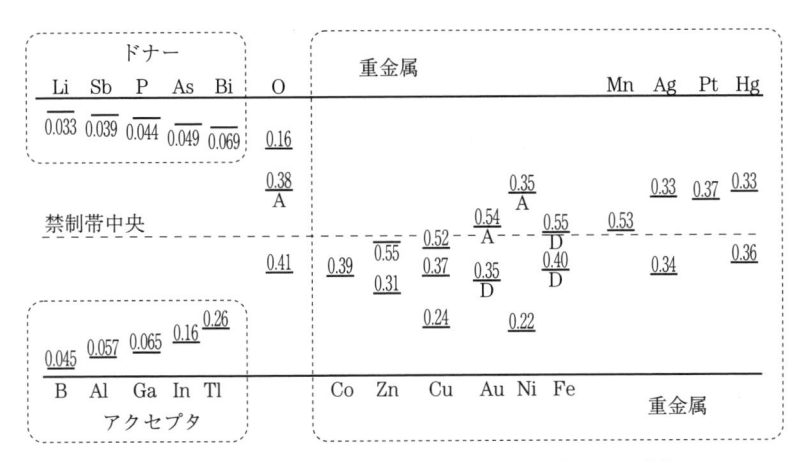

図 3.7 さまざまな不純物のシリコン中でのエネルギー準位

ドーパント不純物のエネルギー準位は，アクセプタは価電子帯，ドナーは導電帯近くに位置し，キャリヤを供給する．一方，重金属不純物のエネルギー準位は，禁制帯中央（ミッドギャップ）付近に位置し，キャリヤの寿命を短くするように働く．この現象を有効に利用したのが，後述する**ライフタイム制御**[†]である．

シリコン中で，特異な振る舞いをする原子に酸素がある．図3.7に示したように，酸素はシリコンの格子位置に入るとドナーとして振る舞う．このため，酸素が導入されることにより，予期せぬ抵抗率の減少が起こる場合がある．**酸素ドナー**は特定の温度での熱処理後に発生する．その温度は450℃付近と1000℃付近とされている．

[†] 10.2.4項参照．

3.3.4 固溶度と拡散係数

シリコン中にはドーパント不純物以外にもさまざまな不純物が導入される。**図3.8**は，さまざまな不純物のシリコン中での溶け込みやすさを表す**固溶度**と，動きやすさを表す**拡散係数**である。

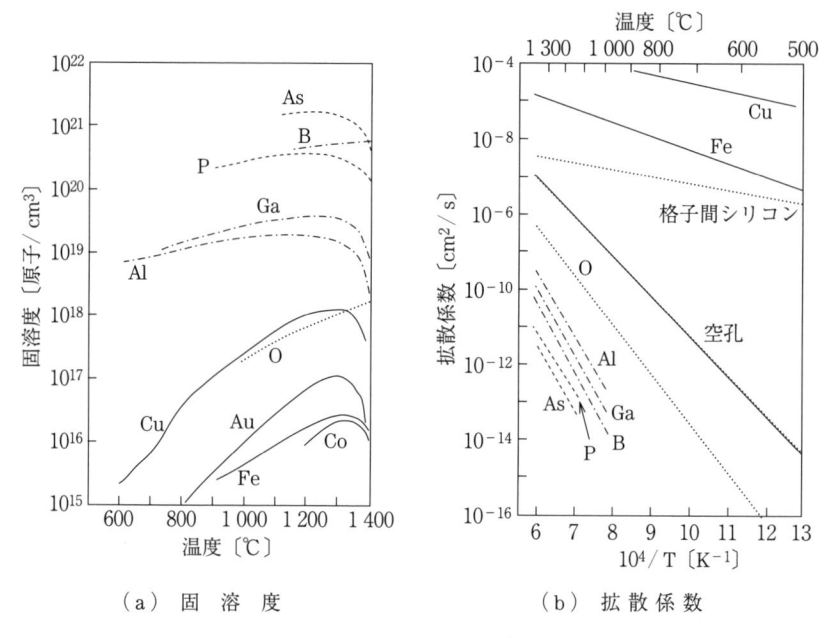

(a) 固溶度

(b) 拡散係数

図3.8 さまざまな不純物のシリコン中での振る舞い

図3.8（a）に示したように，Ⅲ族やⅤ族のドーパント不純物は，固溶度が大きくシリコン中に溶け込みやすく，図3.8（b）に示したように拡散係数が小さく動きにくい。この性質はキャリヤ密度を高くできる一方，浅い接合を形成することに有利に働く。

逆に，**重金属不純物**は固溶度が小さく拡散係数は大きい。一般に，重金属不純物はシリコンデバイスに悪影響を及ぼす。重金属不純物のシリコンに溶け込みにくく動きやすい性質は，重金属不純物の導入を管理するうえでは有利に働く。また，ゲッタリングを行うためにも好都合である。シリコンデバイス製造

において不具合を起こすケースが多い重金属は，ウェーハおよびデバイス製造装置に使用される鉄と銅である．

コーヒーブレイク

周 期 律 表

　元素の周期性に気付いた科学者は何人かいる．デベランナーは，似た性質の元素を縦に並べると真ん中の元素の原子量が上下の平均値になる，**三つ組み元素**を発見した．ド・シャンクルトゥワは，元素を原子量順に並べると縦に性質の似た元素が並ぶ，**地のらせん**を発見した．ニューランズは，元素を原子量順に並べると8個おきに性質の似た元素が並ぶ**オクターブの法則**を発見した．

　周期律表を作成したのは，マイヤーと**メンデレーエフ**が最初である．特にメンデレーエフが有名なのは，元素を配置する際に空席を作って並べ，未知の元素があるはずとして，空席に入るはずの元素の性質を予測した点である．その後，当時は未発見であったガリウム（Ga），スカンジウム（Sc），ゲルマニウム（Ge）が発見され，その性質が，メンデレーエフの予言どおりであった．

　現在おもに用いられている周期律表は長周期律表と呼ばれる周期律表であるが，30年ほど前は**表**に示した短周期律表が主であった．短周期律表では，ボロン（B），アルミニウム（Al），ガリウム（Ga），インジウム（In）はⅢ族，炭素（C），シリコン（Si），ゲルマニウム（Ge）はⅣ族，窒素（N），リン（P），ヒ素（As），アンチモン（Sb）はⅤ族である．そのため，"族"の総称には，これらが用いられている．

表　短周期律表

族\周期	Ⅰa	Ⅰb	Ⅱa	Ⅱb	Ⅲa	Ⅲb	Ⅳa	Ⅳb	Ⅴa	Ⅴb	Ⅵa	Ⅵb	Ⅶa	Ⅶb	Ⅷ	0
1	H															He
2	Li		Be		B		C		N		O		F			Ne
3	Na		Mg		Al		Si		P		S		Cl			Ar
4	K		Ca		Sc		Ti		V		Cr		Mn		Fe Co Ni	
		Cu		Zn		Ga		Ge		As		Se		Br		Kr
5	Rb		Sr		Y		Zr		Nb		Mo		Tc		Ru Rh Pd	
		Ag		Cd		In		Sn		Sb		Te		I		Xe
6	Cs		Ba		ランタノイド		Hf		Ta		W		Re		Os Ir Pt	
		Au		Hg		Tl		Pd		Bi		Po		At		Rn
7	Fr		Ra		アクチノイド											

4 半導体中のキャリヤ

　本章では，半導体の電気伝導の基礎について説明する。半導体は，キャリヤと呼ばれる電気を流す源が発生してはじめて機能を果たす。最初に，半導体中のキャリヤの発生について述べる。次に，半導体中のキャリヤの算出法について説明する。最後に，半導体の電気伝導について解説する。

4.1 半導体中のキャリヤの生成

4.1.1 電子とホール

　半導体の電気伝導は，**電子**と電子の抜けた孔である**ホール**（**正孔**）によって起こる。**図 4.1**（a）は，シリコン結晶の正四面体構造を簡略化して二次元的に示したものである。シリコン結晶において，隣接する原子が価電子を共有して共有結合を形成している様子を示した。この状態のエネルギーバンドは，単純に価電子帯が電子で埋まっている。

　図 4.1（b）は，伝導に寄与する**キャリヤ**の生成を表したものである。価電子は熱的なエネルギーを得ると，ある確率で原子の束縛を脱して自由電子となる。自由電子は，結晶中を自由に動き回ることができるため，マイナス粒子として電気伝導を担うことができる。一方，電子の抜けた部分は，プラス粒子として電気伝導に寄与し，ホールと呼ばれる。自由電子とホールを合わせて，キャリヤと呼ぶ。この状態をエネルギーバンドで見ると，禁制帯幅以上のエネルギーの熱エネルギーを得た電子が，価電子帯から伝導帯に励起され自由電子となり，一方で価電子帯にはホールが生成される。

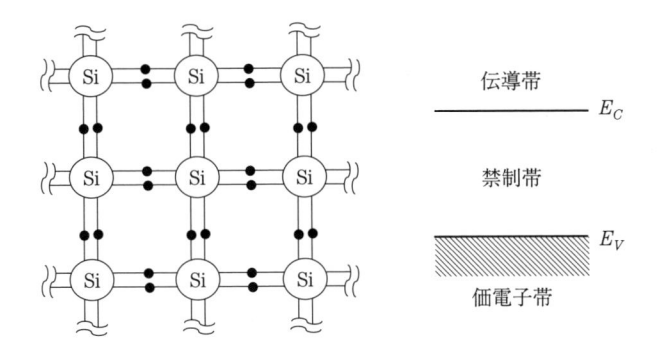

(a) シリコン結晶の二次元表示

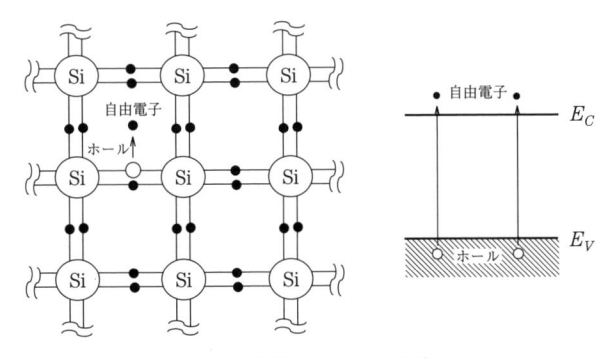

(b) 伝導キャリヤの生成

図 4.1 シリコン結晶の二次元表示と伝導キャリヤの生成

4.1.2 ドナーとアクセプタ

図 4.2 は，不純物を添加したシリコンの結晶構造を示す。図 4.2（a）は，Ⅳ族のシリコン中にⅤ族のリン（P）を添加した場合である。リンがシリコンの格子位置に置換すると，共有結合に寄与しない余分な電子が自由電子となり，電気伝導を引き起こす。このような自由電子がキャリヤの半導体を n 型半導体と呼ぶ。このときのリンは**ドナー**と呼ばれ，自由電子が離れると自分自身はプラスにイオン化する。シリコンに対する n 型不純物としては，同じⅤ族のリンのほかに，ヒ素（As）やアンチモン（Sb）も導入される。

n 型半導体のエネルギーバンド図において，ドナー（この場合，リン）のエネルギー準位は伝導帯の少し下にできる。したがって，電子は室温程度の熱エ

(a) n型半導体

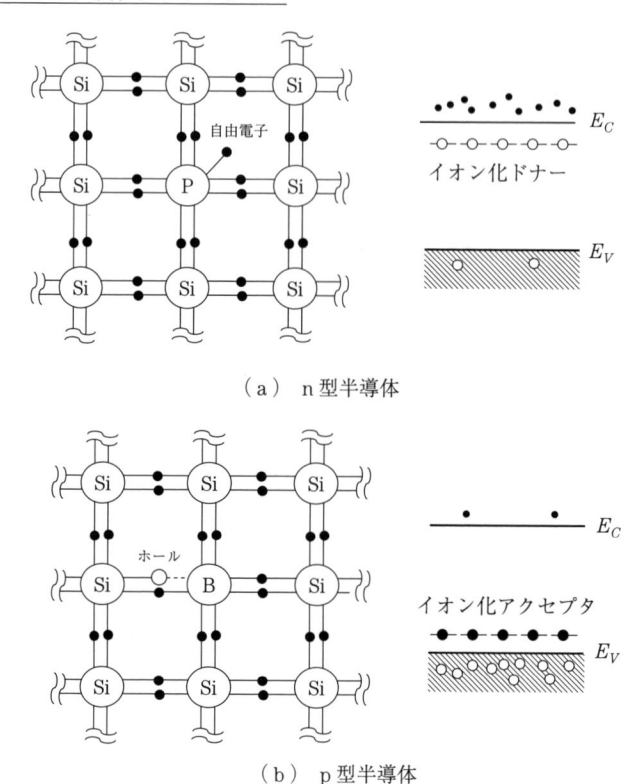

(b) p型半導体

図4.2 不純物半導体

ネルギーによって容易に伝導帯に励起し，自由電子となる。なお，n型半導体においても，価電子帯から熱励起された電子とその結果としてのホールは存在する。ただし，室温程度においては圧倒的に電子の数のほうが多い。n型半導体においては，電子を**多数キャリヤ**，ホールを**少数キャリヤ**と呼ぶ。

図4.2（b）は，Ⅳ族のシリコン中にⅢ族のボロン（B）を添加した場合である。この場合は，電子が不足することによりホールが生成し，電気伝導を引き起こす。このような，ホールがキャリヤの半導体をp型半導体と呼ぶ。このときのボロンは**アクセプタ**と呼ばれ，ホールが離れると自分自身はマイナスにイオン化する。シリコンに対するp型不純物としてはボロンが一般的であるが，Ⅲ族のアルミニウム（Al）やガリウム（Ga）もアクセプタになり得る。

p型半導体のエネルギーバンド図においては，アクセプタ（この場合，ボロン）のエネルギー準位は価電子帯の少し上にできる。したがって，価電子帯の電子は室温程度の熱エネルギーによって容易にアクセプタ準位に励起し，価電子帯にホールができる。p型半導体においては，ホールが多数キャリヤ，電子が少数キャリヤである。

なお，n型不純物とp型不純物を合わせて，**ドーパント不純物**と呼ぶ。これらの不純物は，シリコンの格子位置に入って初めてドーパントとして働く。後述するイオン注入プロセス[†]により，シリコン中に不純物を導入することが可能であるが，注入直後はドーパントとしては寄与していない。活性化のための熱処理を施すことにより，ドーパントとして働く。

4.2 半導体中のキャリヤ統計

4.2.1 キャリヤ密度の計算方法

許容帯に実際に存在する電子の数は，**状態密度関数**と**分布関数**を用いて計算できる。状態密度関数とは，電子が存在可能な"座席数"のエネルギーに対する分布を表し，伝導帯の電子に対し，以下で表される。

$$N(E) = \frac{4\pi}{h^3}(2m_e^*)^{3/2}(E-E_C)^{1/2} \tag{4.1}$$

ここで，h はプランク定数，m_e^* は電子の有効質量，E_C は伝導帯の下端のエネルギーである。

一方，分布関数とは粒子の存在確率を表すもので，電子の場合は**フェルミ-ディラックの分布関数**で表され，以下となる。

$$f_{Fe}(E) = \frac{1}{1+e^{(E-E_F)/kT}} \tag{4.2}$$

ここで，E_F は**フェルミ準位**，k はボルツマン定数，T は絶対温度である。$f_{Fe}(E)$ は，E_F において $f_{Fe}(E_F) = 1/2$ となり，温度が上がるほどエネルギーに

[†] 10.2節参照。

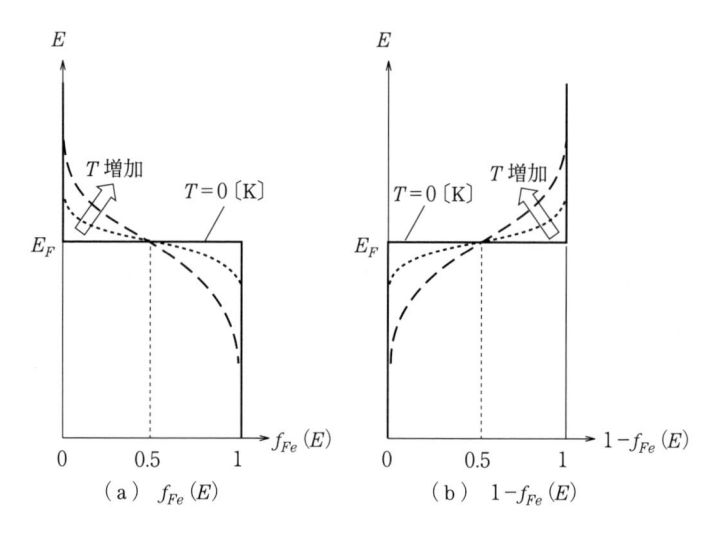

図 4.3　分布関数の温度依存性

対する広がりが大きくなる。$f_{Fe}(E)$の温度依存性を**図 4.3**（a）に示す。

状態密度関数$N(E)$と分布関数$f_{Fe}(E)$の積をエネルギーで積分することにより，許容帯の電子密度nが計算でき，結果は次式となる。

$$n = N_C e^{-(E_C - E_F)/kT} \tag{4.3}$$

ここで，N_Cは伝導帯の有効状態密度と呼ばれ，次式で表される。

$$N_C = 2\left(\frac{2\pi m_e^* kT}{h^2}\right)^{3/2} \tag{4.4}$$

価電子帯のホールの数は，価電子帯におけるホールの状態密度関数$N'(E)$と電子の存在しない確率$\{1 - f_{Fe}(E)\}$の積をエネルギーで積分することにより求まる。$N'(E)$は以下で表される。

$$N'(E) = \frac{4\pi}{h^3}(2m_h^*)^{3/2}(E_V - E)^{1/2} \tag{4.5}$$

ここでm_h^*はホールの有効質量，E_Vは価電子帯の上端のエネルギーである。結果として，価電子帯のホール密度pは，次式となる。

$$p = N_V e^{-(E_F-E_V)/kT} \tag{4.6}$$

ここで，N_V は価電子帯の有効状態密度と呼ばれ，次式で表される。

$$N_V = 2\left(\frac{2\pi m_h^* kT}{h^2}\right)^{3/2} \tag{4.7}$$

ドーパント不純物を含まない真性半導体のキャリヤ密度 n_i は，$n_i = n = p$ であるから，式 (4.3) と式 (4.6) より，次式が得られる。

$$n_i = \sqrt{N_C N_V} e^{-E_g/2kT} \tag{4.8}$$

したがって n_i は温度が高いほど大きく，E_g が大きいほど小さい。この関係は，12章で扱うワイドギャップ半導体パワーデバイスの有効性を考えるうえで重要である。

4.2.2 不純物半導体中のフェルミ準位

図 4.4 に，不純物を含まない真性（i 型[†]）半導体，n 型半導体，p 型半導体のエネルギーバンド図を示す。なお図中には，伝導キャリヤ数の定性的なイメージを描いてある。真性半導体においては，フェルミ準位は禁制帯のほぼ中央に位置し，伝導キャリヤである少数の電子とホールが同数存在している。温度が上がると，フェルミ－ディラック分布関数のすそが広がり，同数のまま電子とホールの数が増加する。

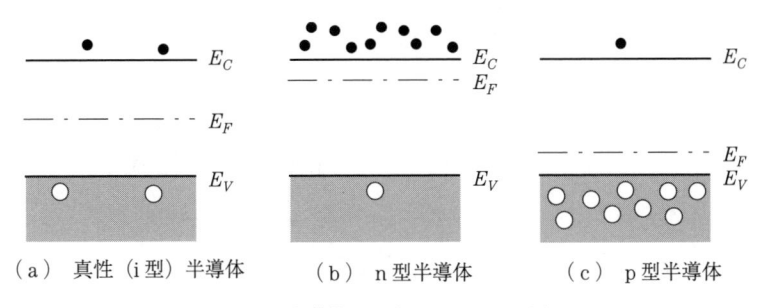

(a) 真性 (i 型) 半導体　　(b) n 型半導体　　(c) p 型半導体

図 4.4　半導体のエネルギーバンド図

[†]　i は intrinsic の頭文字。

n型半導体ではフェルミ準位が伝導帯付近に存在し，伝導帯における電子の存在確率が高いので，伝導帯に多数の自由電子が存在する．一方，p型半導体では，フェルミ準位が価電子帯付近に存在し，価電子帯における電子の空きの確率が高いので，価電子帯に多数のホールが存在する．

これらのエネルギーバンド図を用いて，5〜7章で述べるように半導体デバイスの特性が定性的に理解できる．

4.2.3 キャリヤ密度およびフェルミ準位の温度依存性

図4.5にn型半導体における電子密度の温度依存性，図4.6にフェルミ準位の温度依存性を示す．絶対零度ではドナー準位の電子は励起されず，存在確

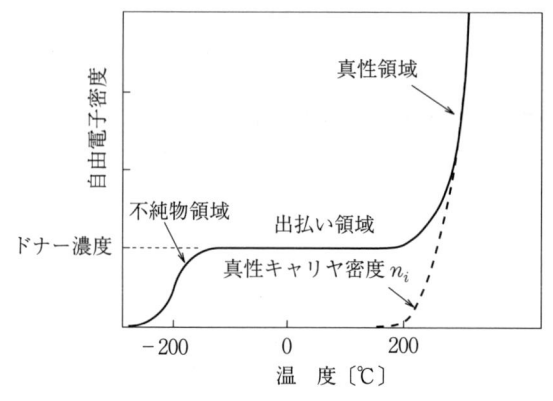

図4.5 n型半導体のキャリヤ密度の温度変化

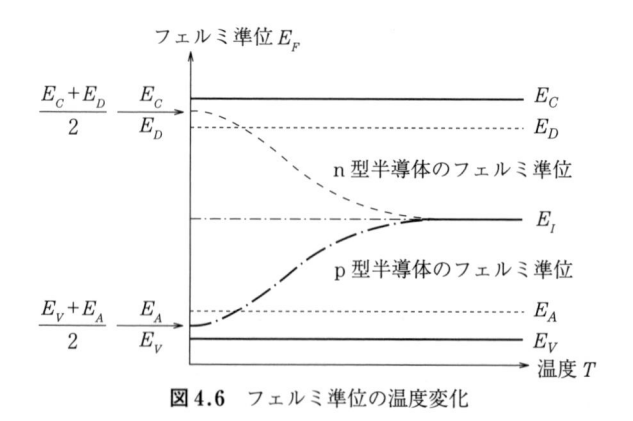

図4.6 フェルミ準位の温度変化

率は1である．また，伝導帯に電子は存在しないので自由電子の存在確率は0である．フェルミ準位は電子の存在確率が0.5となるエネルギーであるから，フェルミ準位はドナー準位とE_Cの中間である．

温度が上がると，ドナー準位から伝導帯に電子が励起され自由電子となり，ドナーは正にイオン化する．この領域を**不純物領域**と呼ぶ．室温程度では，ドナー準位の電子はほぼすべて励起される．この領域を**出払い領域**または**枯渇領域**と呼ぶ．

さらに温度が上がると，価電子帯から伝導帯に多数の電子が励起され，電子-ホール対が生成されるようになる．温度が上がるに従い，ドナーから励起された電子が無視できるほど電子-ホール対の数が増加し，真性半導体の状態に近づく．この領域を**真性領域**と呼ぶ．この領域では，自由電子密度はn_iに，フェルミ準位は真性半導体のフェルミ準位E_Iに近づく．この状態では，もはや半導体とはいえず，金属に近い状態である．

4.3 半導体中の電気伝導

4.3.1 ドリフトによる電気伝導

半導体に電圧を印加するとキャリヤは電界によって加速されるが，結晶格子や不純物との衝突・散乱によって減速される．このような電界による加速と原子との衝突・散乱の過程を繰り返した移動を**ドリフト**と呼び，このときのキャリヤの移動速度の時間平均をドリフト速度と呼ぶ．ドリフト速度vは，電界が小さい場合は電界$\mathcal{E}$に比例し，その比例定数を**ドリフト移動度**μといい，次式で表される．

$$v = \mu \mathcal{E} \tag{4.9}$$

図4.7は，シリコン中の電子およびホールのドリフト速度の電界依存性である．電界が小さい領域では，ドリフト速度は電界に比例している．電界が大きくなるに従い，ドリフト速度の増加は鈍化し，やがて飽和する．この飽和し

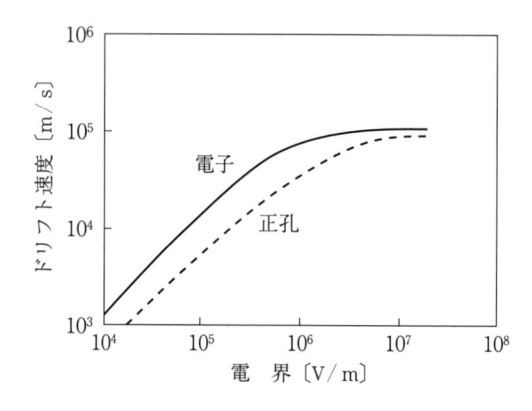

図 4.7 シリコン中のキャリヤのドリフト速度の電界依存性

たドリフト速度を，キャリヤの**飽和速度**と呼ぶ．

次に，図 4.8 に示す p 型半導体を例にドリフト電流密度を求める．断面積 S，長さ l の半導体に電界 $\mathcal{E}$ が印加されている．ホール密度 p，ホールのドリフト速度 v_p，ホール移動度 μ_p とすると，単位時間に断面積 S を通過するホール数は pv_pS である．これに q を掛けた qpv_pS が単位時間に通過した電荷量であり，ドリフト電流 I である．よって，ホールによるドリフト電流密度 $J_p(=I/S)$ は次式となる．

$$J_p = qpv_p = qp\mu_p\mathcal{E} \tag{4.10}$$

キャリヤが電子の場合も同様にして，電子密度 n，電子のドリフト速度 v_n，電子移動度 μ_n として，ドリフト電流密度 J_n は次式となる．

$$J_n = qnv_n = qn\mu_n\mathcal{E} \tag{4.11}$$

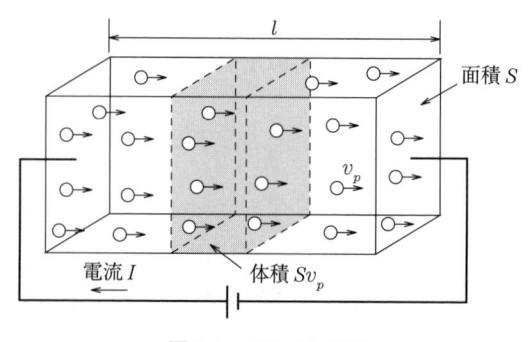

図 4.8 ドリフト電流

4.3.2 拡散による電気伝導

図 4.9 のように，p 型半導体中にホールの密度差がある場合，ホールは熱運動によって高密度側から低密度側に移動し均一になろうとする。このような密度勾配による流れを**拡散**と呼ぶ。拡散によって単位時間に単位面積を通過するホールの数は，ホールの密度勾配に比例し，拡散の方向は低密度方向（勾配の符号と逆）である。よって，ホールによる拡散電流密度 J_p は，密度差の発生している方向を x として，次式となる。

$$J_p = qD_p\left(-\frac{dp}{dx}\right) = -qD_p\frac{dp}{dx} \tag{4.12}$$

ここで，p はホール密度，D_p はホールの拡散定数である。

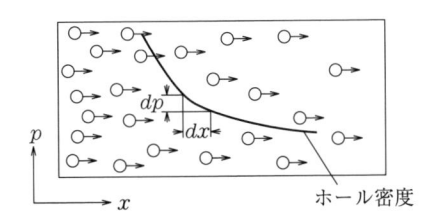

図 4.9 拡散電流

同様に，電子による拡散電流密度 J_n は次式となる。

$$J_n = -qD_n\left(-\frac{dn}{dx}\right) = qD_n\frac{dn}{dx} \tag{4.13}$$

ここで，n は電子密度，D_n はホールの拡散定数である。

4.3.3 キャリヤ連続の式

半導体デバイスの電気特性にとっては，少数キャリヤの振る舞いが重要である。少数キャリヤの振る舞い（流れ，変化）として考えなければならないのは，ドリフトおよび拡散と光照射などによるキャリヤの**発生**，および発生した少数キャリヤの多数キャリヤとの**再結合**による消滅である。p 型半導体中の単位体積当りの少数キャリヤ（電子）密度 n の時間的変化率は次式となる。

$$\frac{\partial n}{\partial t} = D_n\frac{\partial^2 n}{\partial x^2} + \mu_n\frac{\partial n}{\partial x}\mathcal{E} + G_n - \frac{n-n_0}{\tau_n} \tag{4.14}$$

ここで，G_n は電子の発生率，n_0 は熱平衡時の電子密度，τ_n は電子の寿命である。また，n型半導体中の単位体積当りのホール密度 p の時間的変化率は次式となる。

$$\frac{\partial p}{\partial t} = D_p \frac{\partial^2 p}{\partial x^2} - \mu_p \frac{\partial p}{\partial x}\mathcal{E} + G_p - \frac{p - p_0}{\tau_p} \tag{4.15}$$

ここで，G_p は正孔の発生率，p_0 は熱平衡時のホール密度，τ_p はホールの寿命である。式（4.14）と式（4.15）は**キャリヤ連続の式**と呼ばれ，右辺の第1項が拡散，第2項がドリフト，第3項が発生，そして第4項が再結合に関する項である。半導体デバイスの電気特性は，これらの連続の式を適当な境界条件に基づいて解くことにより求まる。

コーヒーブレイク

導電型の判定

半導体の導電型は，**pn判定器**により比較的容易に決定できる。pn判定器の原理は非常に簡単である。検流計（電流計）の一方の端子に加熱機能を持たせただけである。非測定対象に二つの端子を接触させると，加熱された端子の周囲のみにキャリヤが発生する。このキャリヤが他方の端子に拡散し，検流計に電流として検出される。キャリヤが電子の場合とホールの場合では電流の流れる方向が逆であるため，電流の方向により導電型の判定が可能である。

また，半導体中の導電型は，**ホール効果**によっても決定できる。ホール効果は，磁界中で半導体に電流を流したときに，電流の方向と垂直に起電力が発生する効果である。**図**にホール効果による起電力の発生の様子を示す。磁場中を移動する荷電粒子に作用する力の方向は決まっている。そのため，キャリヤが電子の場合とホールの場合では，電流に垂直に発生する起電力の方向が逆になる。この起電力の方向を検出することにより，導電型が決定できる。

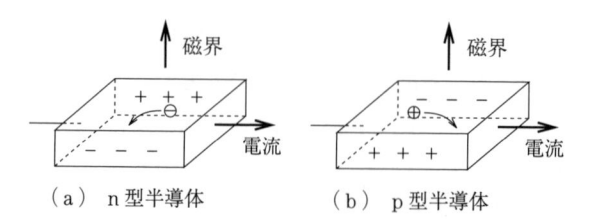

(a) n型半導体　　(b) p型半導体

図　ホール効果

5 半導体デバイスの基礎

　本章では，パワーデバイスの動作を理解するための半導体デバイスの基礎について解説する。最初に半導体デバイスの基本となる pn 接合の電気的振る舞いを説明する。続いて，パワーデバイスではしばしば用いられる金属−半導体接触について解説する。さらに，集積回路およびパワーデバイスに多用される金属−絶縁物−半導体構造の振る舞いについて述べる。

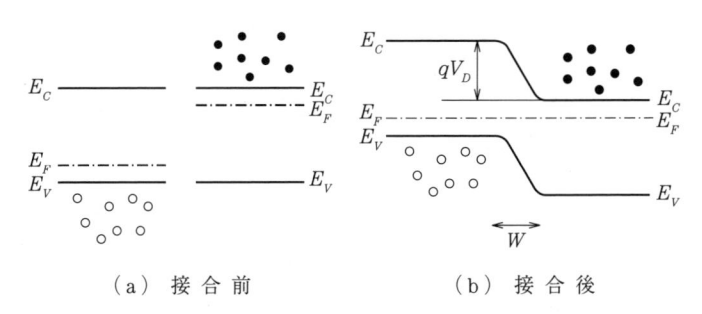

5.1　pn 接　　合

5.1.1　pn 接合のエネルギーバンド図

　特殊な場合を除いて，単一導電型の半導体が単独で利用されるケースは少ない。半導体デバイス構造の基本の一つは，**pn 接合**である。pn 接合のエネルギーバンド図を**図 5.1** に示す。図 5.1（a）は，接合前の p 型半導体と n 型半導体のエネルギーバンド図であり，図 5.1（b）は，接合後のエネルギーバンド図である。接合形成後は，電圧が印加されていないときは p 型半導体と n 型半導体のフェルミ準位が一致する。

　　　　（a）接 合 前　　　　　　（b）接 合 後

図 5.1　pn 接合のエネルギーバンド図

p型半導体にはホールが，n型半導体には電子が多量に存在する。これらは移動可能な粒子であり，高密度側から低密度側に拡散する。p型半導体からn型半導体に拡散したホールは，n型半導体の多数キャリヤである電子と再結合して消滅する。同様に，p型半導体に拡散した電子は，ホールと再結合して消滅する。その結果，pn接合界面近傍には，イオン化したアクセプタとドナーのみが残存する。

これらは移動できない固定電荷であり，pn接合界面に電位差が生じる。これを**拡散電位** V_D と呼び，V_D による電界によりホールと電子の拡散はある状態で抑えられる†。また，このときにpn接合界面に生じたキャリヤの存在しない領域を**空乏層**と呼び，空乏層の長さを**空乏層幅** W と呼ぶ。

図5.2にバイアス印加時のエネルギーバンド図を示す。エネルギーバンド図では，電子のエネルギーを上にとっているので，正バイアスが印加された側が相対的に下がる。したがって，p型半導体にプラス，n型半導体にマイナスを印加した順バイアス時には図5.2（a）に示した状態になる。この状態では，電子がp型半導体側に，ホールがn型半導体側に注入される。そして，注入されたキャリヤは再結合で消滅する。電子およびホールは外部印加バイアスにより供給され続けるため，順バイアス時には電流が流れ続ける。電流の流れる方向は電子の流れる方向とは逆である。

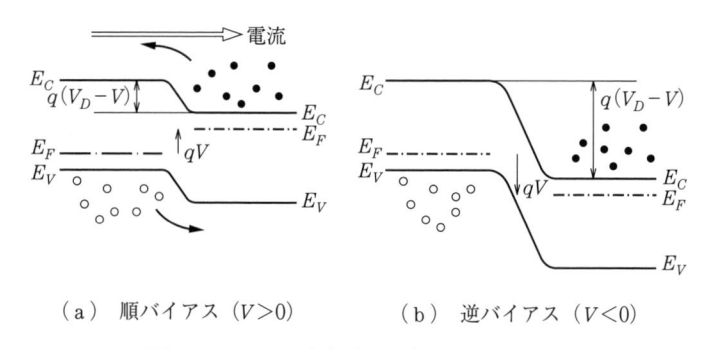

（a） 順バイアス（$V>0$）　　（b） 逆バイアス（$V<0$）

図5.2　バイアス印加時のエネルギーバンド図

---

† 密度差による拡散と電界によるドリフトが釣り合う。

このように，pn接合では電気伝導に電子とホールの両方がかかわっている。このようなデバイスを**バイポーラ型**デバイスと呼ぶ。

図5.2（b）は，n型半導体がプラス，p型半導体がマイナスの逆バイアスを印加した状態である。この場合は実質的に拡散電位が $V_D - V = V_D + |V|$ に増加し，空乏層幅が増加する。そのため，逆バイアス印加時には電流が流れない。

5.1.2 pn接合の整流性

少数キャリヤの拡散が主要因であるとして，pn接合の電流-電圧特性は次式で表される。

$$j = j_s(e^{qV/kT} - 1) \tag{5.1}$$

ここで，j_s は**逆方向飽和電流密度**と呼ばれ，次式で表される。

$$j_s = q\left(\frac{D_e n_{p0}}{L_e} + \frac{D_h p_{n0}}{L_h}\right) \tag{5.2}$$

ここで，qは電子の電荷，D_e および D_h は電子およびホールの拡散係数，L_e および L_h は電子およびホールの拡散長，n_{p0} および p_{n0} はp型半導体中での電子の熱平衡密度，n型半導体中でのホールの熱平衡密度である。

図5.3（a）は，式（5.1）に従った場合のpn接合の電流-電圧特性である。順バイアスでは大きな電流が流れ，逆バイアスではあまり電流が流れない整流性を示している。図5.3（b）は，片対数表示した場合の電流-電圧特性であ

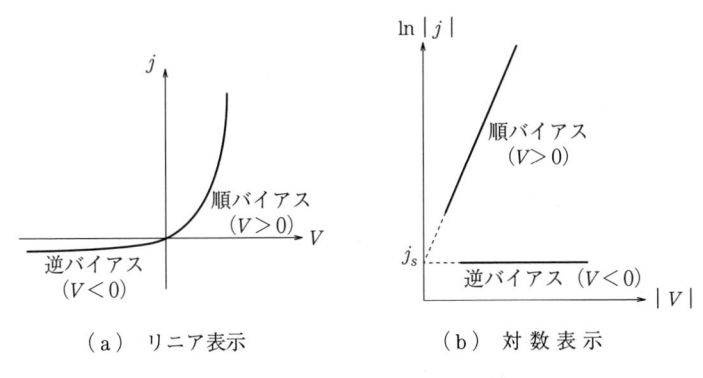

（a）リニア表示　　　　　（b）対数表示

図5.3 pn接合の電流-電圧特性

5. 半導体デバイスの基礎

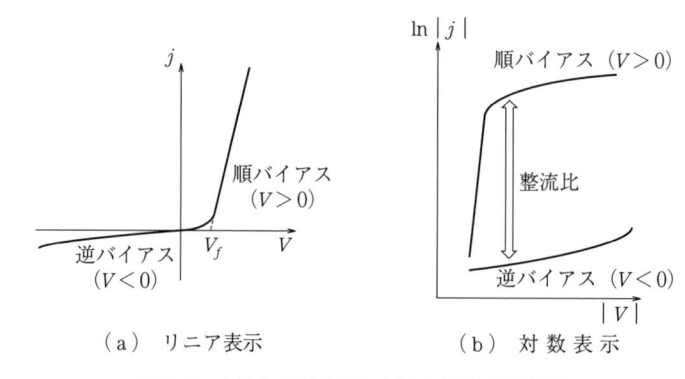

(a) リニア表示

(b) 対数表示

図 5.4 大きな電圧範囲における電流-電圧特性

る。比較的大きな順バイアスの場合は $j=j_s e^{qV/kT}$ に近似され，逆バイアスの場合は $j=j_s$ に近似される。

図 5.4（a）は，大きな電圧範囲における電流-電圧特性である。電圧が低い場合は，印加された電圧のほとんどが空乏層にかかる。電圧が V_D 以上になると，p型半導体および n 型半導体自体に電圧がかかるようになり，半導体の抵抗値で決まる電流が流れるようになる。そのため，リニア表示において直線的な特性となる。このときの V_f を**立上り電圧**と呼ぶ。

V_f の値は，$V_f \fallingdotseq V_D = E_g - \{(E_c とドナー準位の差) + (E_v とアクセプタ準位の差)\}$ となる。リンとボロンが不純物の場合，シリコン pn 接合の V_f は 0.7 V 程度となる。

図 5.4（b）は，片対数表示した電流-電圧特性である。順バイアス時の電流と逆バイアス時の電流の比を**整流比**と呼び，この値が大きいほど整流性能が良好である。一般に pn 接合の p 型半導体と n 型半導体から端子を取ったデバイスを **pn 接合ダイオード**と呼ぶ。

5.1.3 pn 接合の降伏現象

pn 接合にさらに大きな逆方向バイアスが印加されると，図 5.5 に示したように**降伏電圧** V_B 以上で急激に大電流が流れ出す。この現象を pn 接合の降伏現象と呼び，2 種類の降伏機構で説明される。それぞれ，**アバランシェ降伏**および**ツェナー降伏**と呼ばれる。

5.1 pn 接合

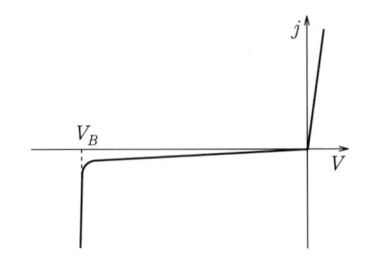

図 5.5 pn 接合の降伏現象

図 5.6（a）は，アバランシェ降伏機構を模式的に示したものである。大きな逆方向バイアスが印加されると，空乏層に大きな電界がかかる。空乏層においても熱的に励起されるキャリヤは存在する。このキャリヤは，高電界によって加速され大きなエネルギーを持つようになり，結晶格子と衝突して電子-ホール対を発生させる。この現象の繰返しにより，高電界の空乏層内にキャリヤがなだれ（アバランシェ）式に発生する。こうして，逆方向に大電流が流れるようになる。

（a）アバランシェ降伏　　　（b）ツェナー降伏

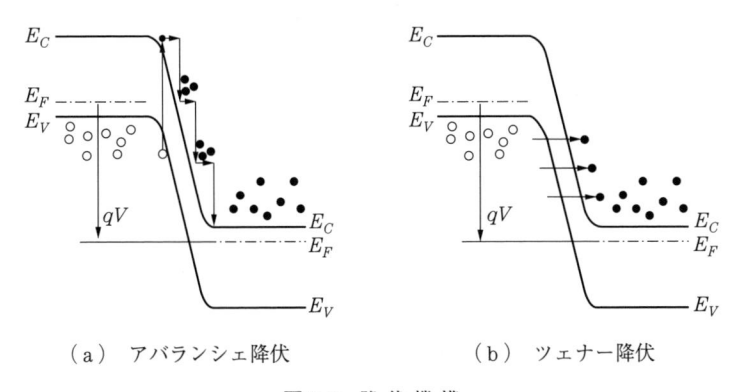

図 5.6 降伏機構

図 5.6（b）は，ツェナー降伏機構を模式的に示したものである。逆バイアスが大きくなるほど空乏層の空間的な幅が狭くなる。そして，ある幅以下になると，p 型半導体の価電子帯の電子が，量子力学的な現象であるトンネル効果により n 型半導体の伝導帯に移動できるようになる。こうして，逆方向に大電流が流れるようになる。

これらの現象を利用したデバイスにツェナーダイオードあるいはアバラン

シェダイオードがあり,定電圧回路などに用いられる。

5.1.4 pn接合における最大電界

図5.7に,pn接合に空乏層が形成されている状態における電荷,電界および電位分布を示す。イオン化したアクセプタの濃度とイオン化したドナーの濃度は等しいので,次式が得られる。

$$qN_A x_p = qN_D x_n \tag{5.3}$$

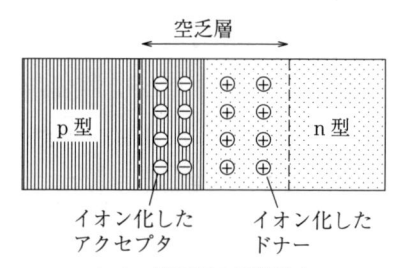

(a) 空乏層の電荷分布

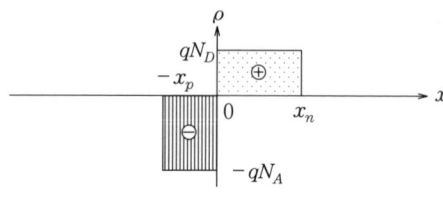

(b) 電荷密度

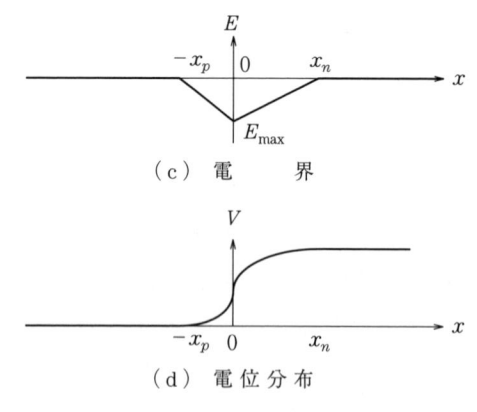

(c) 電界

(d) 電位分布

図5.7 pn接合における電界および電位分布

ここで，N_A, N_D はそれぞれアクセプタおよびドナーの濃度，x_p, x_n はそれぞれ p 型領域の空乏層幅および n 型領域の空乏層幅である．

電界は，$x=0$ で最大値 $E_{\max}$ となり，次式となる．

$$E_{\max} = -\frac{qN_A}{\varepsilon}x_p = -\frac{qN_D}{\varepsilon}x_n \tag{5.4}$$

ここで，ε は半導体の誘電率である．パワーチップの耐圧を考える場合，この最大電界が半導体の絶縁破壊電界を超えないように設計する必要がある．p 型領域と n 型領域の電位差は，電界を積分することにより得られ，次式となる．

$$V = \frac{q}{2\varepsilon}(N_A x_p^2 + N_D x_n^2) \tag{5.5}$$

次に，最大電界の不純物濃度依存性を考える．p^+/n 接合における電荷密度と電界の n 型不純物濃度依存性を**図 5.8** に示す．図 5.8（a）のドナー濃度

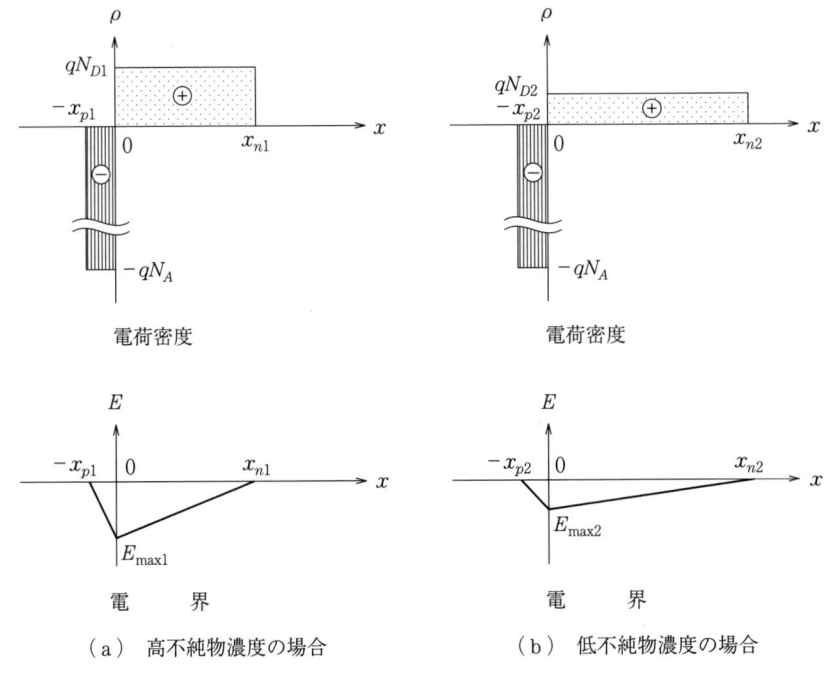

(a) 高不純物濃度の場合　　(b) 低不純物濃度の場合

図 5.8 p^+/n 接合における最大電界の不純物濃度依存性（$N_A \gg N_{D1} > N_{D2}$）

N_{D1} は，図5.8（b）のドナー濃度 N_{D2} より高いとした。同じ電圧値に対し，式（5.5）より，$x_{n2} > x_{n1}$ となる。また，式（5.4）より，次式が得られる。

$$E_{\max 1}(x_{p1}+x_{n1}) = E_{\max 2}(x_{p2}+x_{n2}) \tag{5.6}$$

ここで，$E_{\max 1}$ および $E_{\max 2}$ は，それぞれドナー濃度が N_{D1} および N_{D2} の場合の最大電界である。したがって，ドナー濃度が小さいほど最大電界は小さくなる。この関係は，パワーチップの高耐圧化に有効に利用される。

5.1.5 ヘテロ接合

ここまでは，同一の半導体にp型およびn型の不純物制御を施した場合の接合の説明であり，同一の半導体による接合は**ホモ接合**と呼ばれる。一方，別種類の半導体の接合を**ヘテロ接合**と呼ぶ。ヘテロ接合におけるエネルギーバンドでは，単純なpn接合では実現できないエネルギー状態が出現し，新たなデバイスの可能性が広がる。以下に，いくつかのヘテロ接合の例を示す。

図5.9（a）は，禁制帯幅の異なるn型半導体とp型半導体のヘテロ接合である。それぞれの半導体の物性定数を図のように定める。それぞれの半導体の E_C，E_V，E_g が異なることにより，ΔE_C および ΔE_V が発生する。接合部に ΔE_C，ΔE_V が保持され，接合面近傍にそれぞれ空乏層（W_1，W_2）が形成される。

図5.9（b）は，禁制帯幅の異なるn型半導体とn型半導体のヘテロ接合である。この場合は，片方に空乏層，逆側に蓄積層が形成される。図5.9（c）は，禁制帯幅の異なるp型半導体とp型半導体のヘテロ接合である。この場合も，片方に空乏層，逆側に蓄積層が形成される。

ヘテロ接合を有効に利用すると，不純物ドーピングを行っていない半導体にキャリヤを誘起することができる。この場合，不純物散乱を受けないキャリヤ伝導が可能となり，高速デバイスが実現できる。後述のGaNパワーデバイス[†]は，ヘテロ接合による高速パワーデバイスである。

[†] 12.3節参照。

5.1 pn 接合　　55

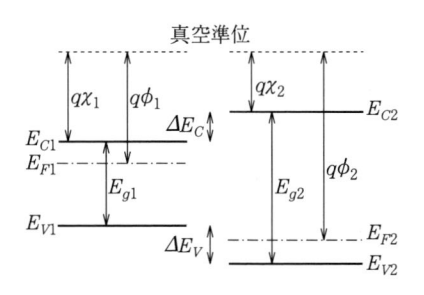

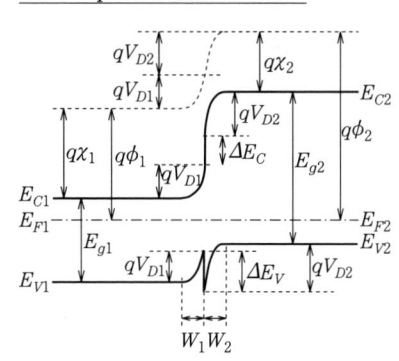

（a） np ヘテロ接合

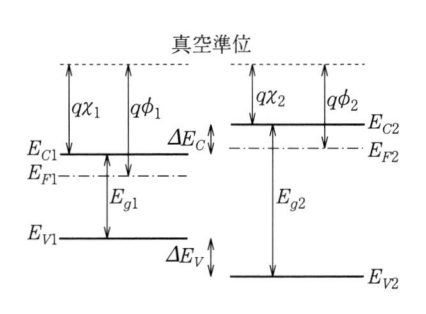

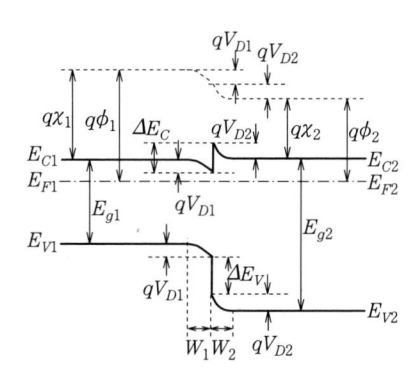

（b） nn ヘテロ接合

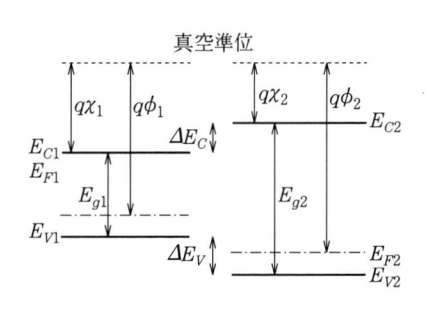

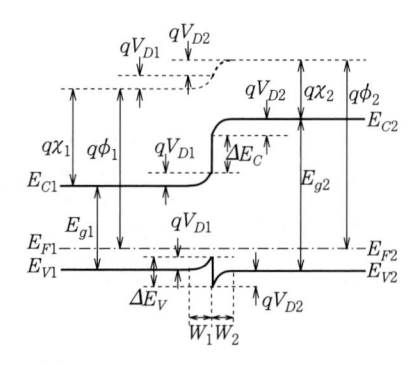

（c） pp ヘテロ接合

図 5.9 ヘテロ接合のエネルギーバンド図（χ および ϕ は，5.2.1 項参照）

5.1.6 pn接合応用デバイス

pn接合を応用したデバイスは,単純な整流器以外にも身近に多く存在する。**表5.1**にpn接合を応用したデバイスをまとめた。エサキダイオード(トンネルダイオード)は,量子力学的なトンネル効果を利用した負性抵抗デバイスである。

フォトダイオードと太陽電池は,pn接合の接合部に光照射した場合に流れる逆方向電流を利用している。通常,フォトダイオードは逆方向バイアス,太陽電池は順方向バイアス(外部バイアスなしで負荷を接続すると順バイアス状態になる)で使用される。

表5.1 pn接合応用デバイス

名　称	特　徴	特　性
エサキダイオード (トンネルダイオード)	・高濃度のn型半導体と高濃度のp型半導体の接合 ・逆バイアス時はトンネル効果で電流が流れる ・電圧が増加すると電流が減少する負性抵抗の実現 ・開発者の江崎玲於奈博士がノーベル賞を受賞(1973年)	負性抵抗
フォトダイオード (PD:photo diode)	・pn接合,ショットキー接触に光を照射すると,逆方向電流が流れる ・通常,逆方向バイアスで使用	暗
太陽電池 (solar cell)	・光のエネルギーを電気エネルギーに変換する ・太陽光のスペクトルに合わせる工夫(バンドギャップの選択,ヘテロ接合の利用など)	明 PD ｜ 太陽電池
発光ダイオード (LED:light emitting diode)	・高濃度のn型半導体と高濃度のp型半導体の接合 ・順方向バイアス時のキャリヤの再結合による発光 ・化合物半導体のバンドギャップにより色が決まる(可視光全域) 　赤から緑:GaP,青:GaN,SiC	
半導体レーザ (LD:laser diode)	・発光の原理はLEDと同じ ・位相のそろった光(コヒーレント光)を取り出す工夫 　⇒半導体内で光を多重反射させる ・光を閉じ込める工夫 　⇒半導体材料による屈折率の違いを利用	

多くの半導体発光デバイスは，基本的にpn接合ダイオードである。化合物半導体のバンドギャップの違い[†1]を有効に活用し，可視光全域の発光が可能になった。半導体レーザは，CD（compact disc）やDVD（digital versatile disc）の書込み，読出しに用いられる。レーザ波長が短いほど，高密度の情報が取扱い可能となる。ブルーレイディスク（Blu-ray disk）で長時間録画が可能なのはそのためである。

5.2 金属-半導体接触

5.2.1 金属と半導体のエネルギーバンド図

図 5.10 に，金属と n 型半導体および p 型半導体のエネルギーバンド図を示す。図 5.10（a）は金属のエネルギーバンド図であり，フェルミ準位が許容帯中に存在する。そのため金属においては，フェルミ準位近傍に多くの自由電子が存在し，電気伝導を引き起こす。フェルミ準位と真空準位（自由空間）のエネルギー差 $q\phi_m$ を**仕事関数**と呼ぶ。つまり，$q\phi_m$ 以上のエネルギーを金属に与えると，金属から電子が放出される[†2]。

図 5.10（b），（c）に示したように，半導体においてもフェルミ準位と真

（a）金 属　　（b）n 型半導体　　（c）p 型半導体

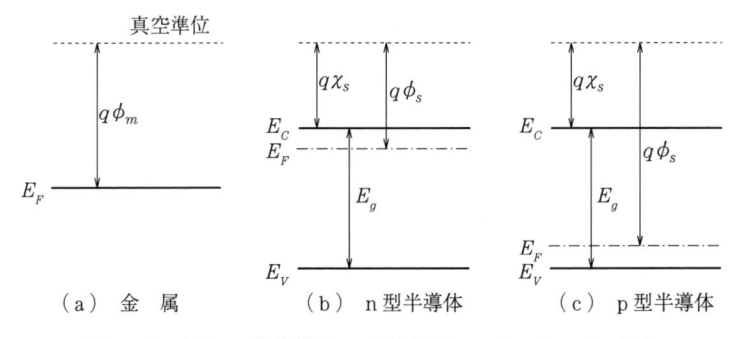

図 5.10 金属，n 型半導体，p 型半導体のエネルギーバンド図

[†1] 図 3.5 参照
[†2] 金属に仕事関数以上のエネルギーの光を照射すると電子が飛び出す現象を光電効果と呼ぶ。アインシュタインは光電効果の原理を解明してノーベル賞を受賞した。

空準位のエネルギー差 $q\phi_s$ を仕事関数と呼ぶ。また，伝導帯の下端と真空準位のエネルギー差 $q\chi_s$ を**電子親和力**と呼ぶ。価電子帯の上端と真空準位のエネルギー差は，電子を結晶外に取り出すエネルギーであり，イオン化エネルギーに相当する。

5.2.2 ショットキー接触

金属と n 型半導体の接触において，金属の仕事関数が n 型半導体の仕事関数より大きい場合（$\phi_m > \phi_s$）のエネルギーバンド図を**図 5.11**（a）に示す。また，図 5.11（b）には，金属と p 型半導体の接触において，金属の仕事関数が p 型半導体の仕事関数より小さい場合（$\phi_m < \phi_s$）のエネルギーバンド図を示す。これらの場合は，pn 接合の場合と同様，接触界面の半導体側に空乏層が形成される。このように，空乏層が形成されるような金属と半導体の接触を**ショットキー接触**と呼ぶ。

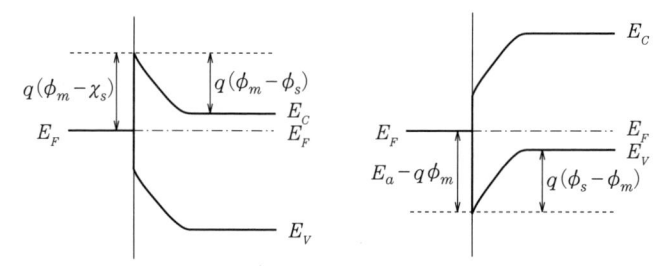

（a）金属-n 型半導体（$\phi_m > \phi_s$）　（b）金属-p 型半導体（$\phi_m < \phi_s$）

図 5.11　ショットキー接触のエネルギーバンド図

図 5.12 は，バイアス印加時の金属-n 型半導体ショットキー接触のエネルギーバンド図である。図 5.12（a）は電圧印加のない熱平衡状態，図 5.12（b）は順バイアス印加時，図 5.12（c）は逆バイアス印加時のエネルギーバンド図を示す[†]。ショットキー接触では，半導体における多数キャリヤに対す

[†] pn 接合の場合と同様，p 型半導体にプラスまたは n 型半導体にマイナスが印加された場合が順方向バイアスであり，p 型半導体にマイナスまたは n 型半導体にプラスが印加された場合が逆方向バイアスである。

5.2 金属-半導体接触

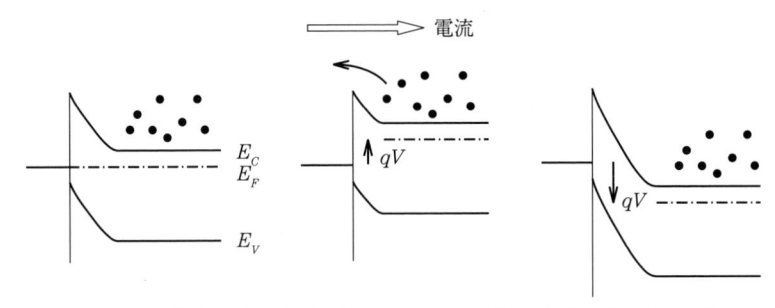

(a) 熱平衡状態($V=0$)　　(b) 順バイアス($V>0$)　　(c) 逆バイアス($V<0$)

図 5.12 金属-n型半導体ショットキー接触における
バイアス印加時のエネルギーバンド図

るエネルギー障壁が存在する．そのため，ショットキー接触においては pn 接合と同様，整流性が発生する．ショットキー接触を用いたダイオードを**ショットキーバリアダイオード**（**SBD**：Schottky barrier diode）あるいは**ショットキーダイオード**と呼ぶ．

電流-電圧特性は pn 接合と同様な特性を持つが，エネルギー障壁が pn 接合と比較して小さいため，立上り電圧 V_f が低く，逆方向飽和電流密度 j_s が大きくなる．ショットキーダイオードの V_f の値は，$|\phi_m - \phi_s|$ 程度であり，通常 0.6 V 程度以下である．また，j_s は多数キャリヤがエネルギー障壁を超える熱電子放出が主要因となり，次式で表される．

$$j_s = \frac{4\pi q m^* k^2 T^2}{h^3} e^{-q\phi_0/kT} \tag{5.7}$$

ここで，m^* は多数キャリヤの有効質量，$\phi_0 (= \phi_m - \chi_s)$ はショットキー障壁の高さである．ショットキー接触においては，電気伝導に電子あるいはホールの一方しか関与していない．このようなデバイスをバイポーラ型デバイスに対し，**ユニポーラ型**デバイスと呼ぶ．

5.2.3 オーム性接触

金属と n 型半導体の接触において，金属の仕事関数が n 型半導体の仕事関数より小さい場合（$\phi_m < \phi_s$）のエネルギーバンド構造を**図 5.13**（a）に示す．

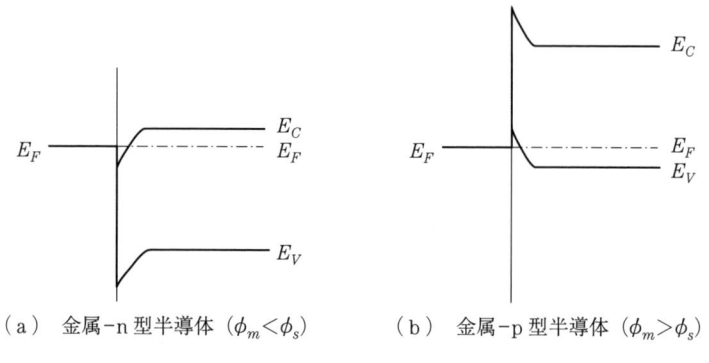

60   5. 半導体デバイスの基礎

(a) 金属-n型半導体（$\phi_m < \phi_s$）　　（b）金属-p型半導体（$\phi_m > \phi_s$）

図5.13 オーム性接触のエネルギーバンド図

また，図5.13（b）には，金属とp型半導体の接触において，金属の仕事関数がp型半導体の仕事関数より大きい場合（$\phi_m > \phi_s$）のエネルギーバンド図を示す。これらの場合は，空乏層は形成されず，半導体表面にキャリヤが蓄積される。そのため，双方向に電気伝導が可能である。このような金属と半導体の接触を**オーム性（抵抗性）接触**と呼ぶ。

図5.14は，ショットキー接触となるような仕事関数の関係であるが，高濃度にドーピングされた半導体の場合のエネルギーバンド図である。この場合には，空乏層幅が空間的に狭くなり，ツェナー降伏の場合と同様に，キャリヤがトンネル効果で移動できるようになる。この場合もオーム性の接触となる。通常の半導体デバイスにおける金属とのコンタクト形成は，高濃度ドーピング層に対して行うのはこの原理を利用している。

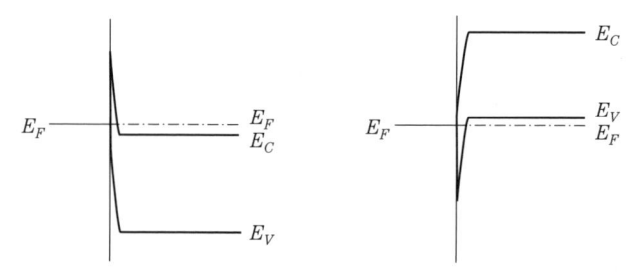

(a) 金属-n^{++}型半導体（$\phi_m > \phi_s$）　（b）金属-p^{++}型半導体（$\phi_m < \phi_s$）

図5.14 金属-n^{++}半導体，p^{++}半導体接触のエネルギーバンド図

5.3 MOS 構造

5.3.1 MOS 構造のエネルギーバンド図

ショットキー接触の金属と半導体の間に絶縁物を挿入した構造を **MIS**（metal insulator semiconductor）**構造**と呼ぶ。特に，絶縁物が酸化膜である場合を，**MOS 構造**という。図 5.15 に，半導体が p 型の場合の MOS 構造の概略図とエネルギーバンド図を示す。図において，E_I は真性半導体のフェルミ準位，$q\phi_B$ はフェルミ準位 E_F と E_I の差である。図は $\phi_m = \phi_s$ の場合であり，半導体のエネルギーが一定になっているが，実際は，ショットキー接触の場合と同様，仕事関数の差に応じたエネルギーバンドの曲りが生じる[†]。この半導体のエネルギーが一定の状態を**フラットバンド状態**と呼ぶ。

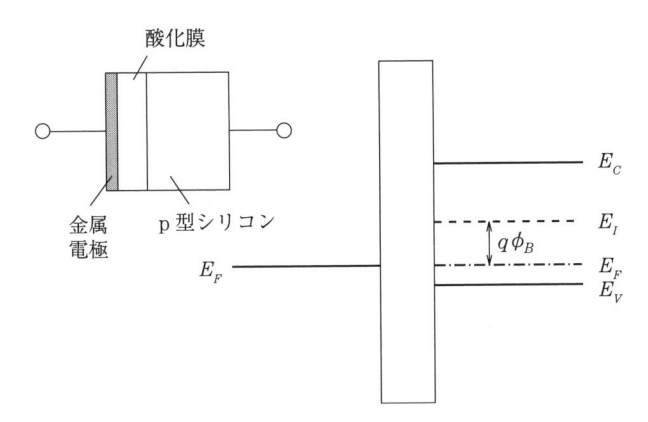

図 5.15 MOS 構造のエネルギーバンド図

5.3.2 MOS 構造における反転現象

図 5.16 に p 型半導体を用いた MOS 構造にバイアスを印加した場合のエネルギーバンド図を示す。図 5.16（a）は，金属に負，p 型半導体に正の電圧

[†] 実際には，このほかに界面準位や酸化膜中の電荷もエネルギーバンドの曲がりに関係する。

(a) 金属を負にした場合

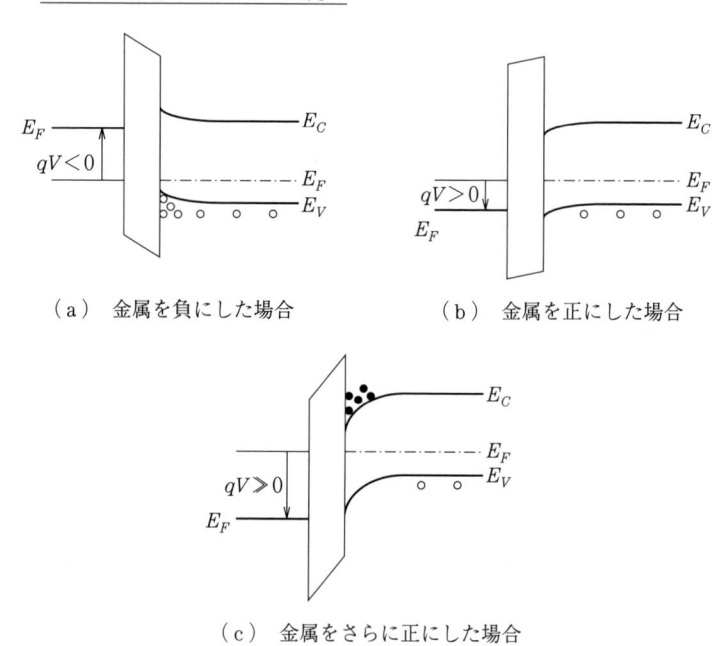

(b) 金属を正にした場合

(c) 金属をさらに正にした場合

図 5.16 MOS 構造におけるバイアス印加時のエネルギーバンド図

を印加した場合（順バイアス）である．この場合は，金属の負電位によって半導体表面にホールが引き寄せられる．この状態を**蓄積状態**と呼ぶ．

図 5.16（b）は，金属に正，p 型半導体に負の電圧を印加した場合（逆バイアス）である．この場合は，金属の正電位によって半導体表面からホールが遠ざけられる．この状態を**空乏状態**と呼ぶ．

さらに金属に大きな正の電圧を印加した場合のエネルギーバンド図が図 5.16（c）である．この場合は，E_C がフェルミ準位に近づき，n 型半導体と同様の状態になり，伝導帯に電子が誘起される．これが MOS 構造における特徴的な振る舞いであり，**反転状態**と呼ぶ．

図 5.17 は，半導体の表面電位 V_s と半導体の空間電荷密度 Q_s の関係である．V_s が $2\phi_B$ 以上で強い反転が起こる．このとき，酸化膜-半導体界面に反転キャリヤが誘起される．つまり，蓄積状態における $|Q_s|$ の増加は，多数キャリヤにより，空乏状態における $|Q_s|$ の増加は，イオン化したドーパントによ

5.3 MOS 構造　63

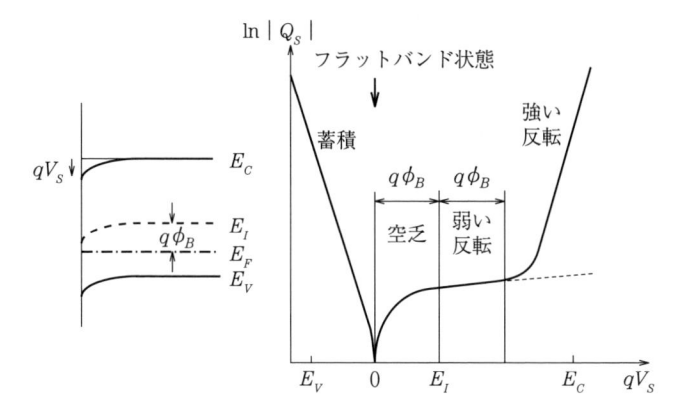

図5.17 表面電位 V_S と空間電荷密度 Q_S の関係

る。そして，反転状態における $|Q_S|$ の増加は，少数キャリヤによる。

　金属-酸化膜-n型半導体MOS構造では，反転によりn型半導体表面にホールが誘起される。通常，MOS-LSIにおける論理回路では，金属-酸化膜-p型半導体MOS構造と金属-酸化膜-n型半導体MOS構造を組み合わせた**CMOS**（complimentary MOS）回路が用いられている。CMOS論理回路では低消費電力化が可能である。

5.3.3　界面準位の影響

　半導体のエネルギーバンド構造は，原子が規則的に無限に並んだ完全結晶を仮定して得られたものである。これに対し，MOS構造の半導体-酸化膜界面では，半導体の規則性が破たんしている。この界面では，共有結合を満たさない**不対電子**が存在する**未結合手**（**ダングリングボンド**）が多数存在する。このダングリングボンドによる準位が禁制帯中に連続して発生する。MOS構造の**界面準位**を**図5.18**（a）のように表す。

　MOS界面準位には，電子を受け取って負にイオン化するアクセプタ型と電子を放出して正にイオン化するドナー型がある。図5.18（b）に示すように，通常アクセプタ型の界面準位密度 N_{IA} は，価電子帯から伝導帯に向かって密度

(a) MOS界面準位の表し方
(b) MOS界面準位のエネルギー依存性

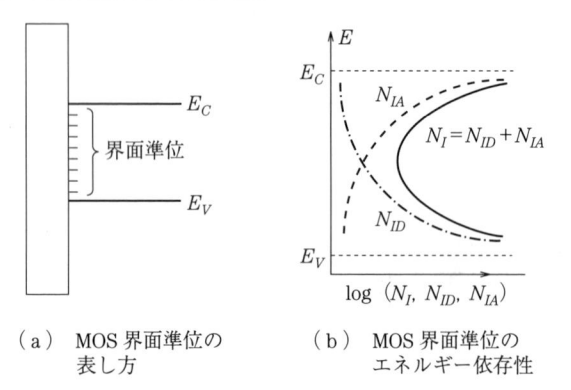

図5.18 MOS構造の界面準位

が増加する。一方，ドナー型の界面準位密度 N_{ID} は，価電子帯から伝導帯に向かって密度が減少する。トータルの界面準位密度 N_I は，N_{IA} と N_{ID} の和であり，禁制帯中で最小値をとる。

この界面準位の密度が高い場合，半導体表面近傍のフェルミ準位は，界面準位の最小値近傍から離れることが難しくなる。この現象をフェルミ準位のピンニングと呼ぶ。電圧印加の効果も界面準位のイオン化で吸収されてしまい，エネルギーバンドの曲りが阻害される。そのため，反転層が形成されるほどのバンドの曲りが生じない事態になる。

シリコン−シリコン熱酸化膜の系は，界面準位の密度が低く抑えられるむしろまれな組合せである[†]。したがって，シリコン−シリコン熱酸化膜MOS構造では，p型，n型ともに反転層が形成できる。シリコン−シリコン堆積酸化膜や多くの化合物半導体MOS構造，あるいはMIS構造では，界面準位密度が高く反転層の形成が難しい。

界面準位は，キャリヤ伝導にも悪影響を及ぼす。半導体デバイスにおいて，通常，接合界面や半導体表面のキャリヤの制御が電気特性を決定する。界面準位による散乱により，伝導キャリヤの移動度が低下し，デバイス動作の妨げとなる。

[†] 大げさではあるが，神が人類に与えた奇跡の系といわれることもある。

上記のように，界面準位は，デバイスへの悪影響を多くもたらす．MOS/MIS 型デバイスの歴史において，つねに，いかに界面準位密度を下げるかが，デバイス製造の最重要課題である．

コーヒーブレイク

ユニポーラとバイポーラ

半導体中では，負の電荷を持った電子と正の電荷を持ったホールの両方が電流を流す能力を有する[†]．半導体デバイスには，その構造により，電子あるいはホールの一方で動作しているデバイスと電子とホールの両方が動作に関与しているデバイスがある．前者を**ユニポーラデバイス**，後者を**バイポーラデバイス**と呼ぶ．ユニは "1" を，バイは "2" をそれぞれ意味する．

整流器およびスイッチングデバイスの両方に，ユニポーラデバイスとバイポーラデバイスがある．それらをまとめたものを**表**に示す．

表　ユニポーラとバイポーラ

	ユニポーラデバイス	バイポーラデバイス
整流器	ショットキーダイオード	pn ダイオード pin ダイオード
電流制御型スイッチングデバイス		バイポーラトランジスタ サイリスタ
電圧制御型スイッチングデバイス	MOSFET	IGBT

整流器には，ショットキーダイオードと接合型ダイオードがあるが，ショットキー型はユニポーラデバイスであり，pn 接合型および pin 型はバイポーラデバイスである．

電流制御型のスイッチングデバイスであるバイポーラトランジスタやサイリスタは，バイポーラデバイスである．電圧制御型のスイッチングデバイスである MOSFET は，ユニポーラデバイスである．同じ電圧制御型のスイッチングデバイスでも，IGBT はバイポーラデバイスである．

[†] 金属中では，電子のみが電流を流す能力を有している．

6 電力用ダイオードおよび電流制御型スイッチングデバイスの構造と特性

6章と7章では、4章と5章の内容を踏まえ、パワーチップの構造と特性の解説を行う。最初に、パワーチップに共通した内容として、高耐圧化および大電流通電のための構造を説明する。

6章では、具体的なデバイスとして、整流用あるいはFWD用に用いられる電力用ダイオードと電流制御型スイッチングデバイスであるパワーバイポーラトランジスタおよびサイリスタを扱う。

6.1 パワーチップの構造

6.1.1 パワーチップの高耐圧化

パワーデバイスが電力を扱うデバイスであることから、パワーチップの構造はMOS-LSIとは大きく異なる。パワーチップには、数百〜数千ボルトの耐圧が要求される。一般的に、大きな電位差のある導体間の耐圧を保つ方法は

① 間に絶縁する能力（絶縁耐力）の大きい物質を挟む

② 導体間の距離を離す

ことである。例えば、銅線にビニールを被覆することは、①の効果を期待したものである。また、数億ボルトの雷が簡単に落ちないのは、雲と地面が離れていることによる②の効果である。

絶縁耐力（絶縁破壊電界）は物質固有の物性値であるため、材料によってほぼ決まってしまう。シリコンのpn接合を高耐圧化するための構造として、**pin構造**が用いられる（iはintrinsicの頭文字）。i層を挿入することにより、最大電界を下げている。

図6.1に、i層（図中ではn$^-$層）厚をパラメータとした場合の不純物濃度と降伏電圧の関係を示す。この関係から、所望の耐圧に対しては、i層厚と不

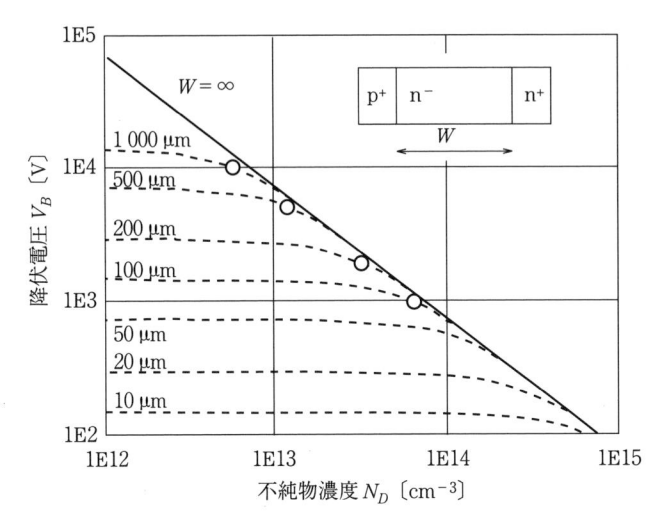

図 6.1 不純物濃度と降伏電圧の関係

純物濃度の最適値がほぼ決まってしまう。なぜならば，不必要に i 層を伸ばす，あるいは不純物濃度を下げることはデバイスに電流を流すときの抵抗（オン抵抗）の増加につながるためである。例えば，耐圧 1 000 V を実現しようとすると，不純物濃度は 6 E13 cm^{-3}，i 層厚は 100 μm 程度となる（図中の一番下の〇印）。後述するワイドギャップ半導体パワーデバイス[†]は，シリコンの代わりに絶縁耐力の大きい物質を用いることで，薄い i 層厚で高耐圧が実現できる。

図 6.1 の関係から，降伏電圧と i 層厚の関係を求めた結果が **図 6.2** である。この図より，高耐圧を実現しようとするとチップ面積が大きくなることがわかる。このためシリコンパワーデバイスでは，デバイ

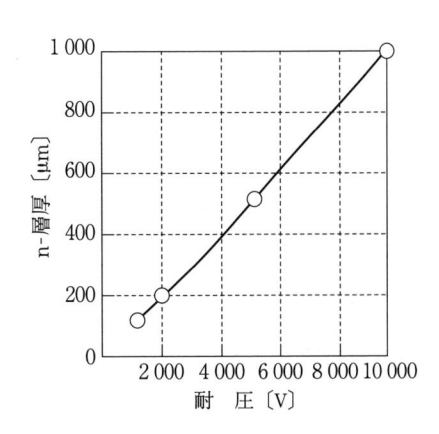

図 6.2 降伏電圧と i 層厚の関係

[†] 12 章参照。

ス構造を縦型にして縦方向の距離で耐圧を保つことにより，チップ面積が大きくなることを回避している。

6.1.2 パワーチップの電極構造

図6.3に，MOS-LSIとパワーチップ（IGBT）の表面電極構造を模式的に示す。図6.3（a）に示したように，MOS-LSIにおいては，信号の入出力はチップ上の配線を経由してデバイス領域外に形成した専用のボンディングパッドから行っている。通常MOS-LSIのボンディングワイヤには，数十マイクロメートル程度の径の金ワイヤが用いられる。

（a）MOS-LSI　　（b）パワーチップ（IGBT）

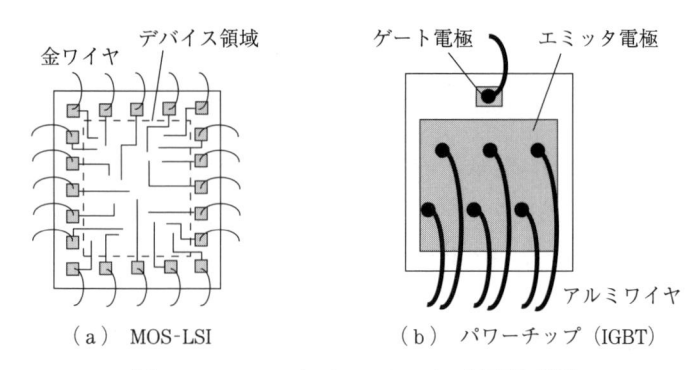

図6.3 MOS-LSIとパワーチップの表面電極構造

一方，パワーチップでは，1チップ当り数百アンペアの電流を流す必要があり，専用パッドを用いて電流を取り出そうとすると，大面積のパッドが必要になる。そのため，図6.3（b）に示したように，パワーデバイスでは，300〜400μm径のアルミニウムワイヤを，チップの活性領域直上に直接ワイヤボンドして電流を取り出す。

ワイヤボンディングはチップへのダメージの大きいプロセスである。パワーチップにおいては，デバイスの活性層がアルミニウム電極直下にある。そのため，ボンディング時のダメージ緩和のため，パワーチップでは3〜5μm程度の厚いアルミニウム電極（図中のエミッタ電極）を形成している。

さらに，パワーチップは縦方向に電流を流すデバイスであり，裏面側にも大

電流を流すための構造が必要である。現状は，以前はMOS-LSIにも採用されていた裏面はんだダイボンドプロセスを適用している。パワーチップの裏面には，はんだと合金化するためのニッケル電極を形成している。

ニッケル電極を形成するうえで重要なのは，シリコンとのオーミック性と表面の酸化防止である。そのため裏面電極は，3～5層の多層構造をとっている。シリコンとのオーミックコンタクトのためには，n型シリコンにはチタンなど，p型シリコンにはアルミニウムなどが用いられる。また，ニッケル表面の酸化防止には金などが用いられる。

6.2 電力用ダイオード

6.2.1 電力用ダイオードの構造

電力用ダイオードには，pin接合型とショットキー接触型がある。図6.4に，一般的なMOS-LSIに内蔵されるpn接合ダイオードと典型的な電力用ダイオードの断面構造を示す。図6.4（a）に示したように，MOS-LSI内蔵pn接合ダイオードが横方向に電流を流しているのに対し，電力用ダイオードでは縦方向に電流を流す。そして，電力用ダイオードでは，高電圧に耐えるため厚い

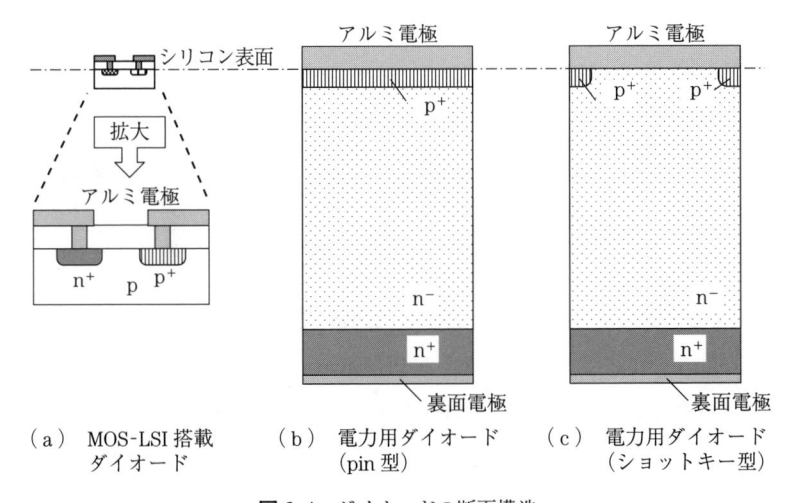

（a）MOS-LSI搭載ダイオード　（b）電力用ダイオード（pin型）　（c）電力用ダイオード（ショットキー型）

図6.4 ダイオードの断面構造

n⁻層（i層）が挿入されている．

図6.4（c）に示したように，n⁻シリコンに対するショットキー接触形成にはアルミニウムが用いられる．表面側のアルミニウム電極は，pin 接合型およびショットキー接触型とも，ワイヤボンドのダメージ緩和のため，数マイクロメートル程度と厚く形成される．

裏面側には n⁺シリコンにコンタクトをとり，かつはんだダイボンドのためのチタン/ニッケル/金などの多層裏面電極が形成される．裏面電極は，現状はおもにはんだを用いて銅板に接続される．ニッケルは，はんだと合金を形成して銅板とのコンタクトをとるための材料である．また，チタンは n 型シリコンとの導通をとるため，金はニッケルの酸化防止のための材料である．

改めて，表6.1 に，pin 型ダイオードとショットキー型ダイオードの特性の比較を示す．順バイアスにおいては，pin 型のほうがショットキー型に比べて，立上り電圧は高いが，通電能力が大きい．逆バイアスにおいては，pin 型のほうがショットキー型に比べて，リーク電流は少なくかつ耐圧は大きく，良好な性能を有する．ショットキー型が優れているのは，立上り電圧が低く，高周波特性が良好な点である．pin 型ダイオードがバイポーラ型デバイスであり，ショットキー型ダイオードがユニポーラ型デバイスであることは，5章で述べたとおりである．

表6.1 pin ダイオードとショットキーダイオードの比較

	順バイアス		逆バイアス		キャリヤによる分類
	立上り電圧 V_f	通電能力	リーク電流 I_S (J_S)	逆方向耐圧	
pin 型	高	大	小	高	バイポーラ
ショットキー型	低	小	大	低	ユニポーラ

pin 型ダイオードの通電能力とショットキー型ダイオードの良好な高周波特性を両立させたダイオードとして，**MPS**（merged pin and Shottky）**ダイオード**が開発されている．図6.5 に MPS ダイオードの断面構造を示す．デバイス表面に，pin 型ダイオードとショットキー型ダイオードを多数，並列に並べている．逆バイアス時は，表面側 pn 接合における空乏層どうしが互いに接触す

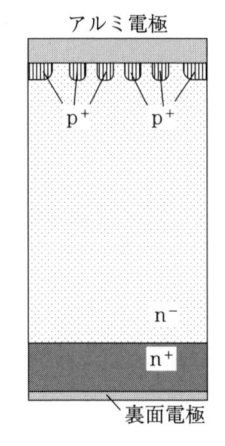

図6.5 MPSダイオードの構造

ることにより，ショットキー接触の耐圧は現れない．一方，順方向導通時は，低電圧時からショットキー接触の特性が現れる．

6.2.2 電力用ダイオードの過渡特性

図6.6に，電力用ダイオードの過渡特性を示す．順方向バイアスから逆方向バイアスにスイッチングされたとき，順方向に電流を流していたキャリヤは急には消滅しないため，n^-層に存在するキャリヤが逆方向に流れる．このため，大きな逆方向電流I_rが流れる（図中の破線）．

電力用ダイオードでは，種々の手法によりキャリヤの**ライフタイム**を調整して（短くして），逆方向電流の制御を行っている．ライフタイムの調整は，**再**

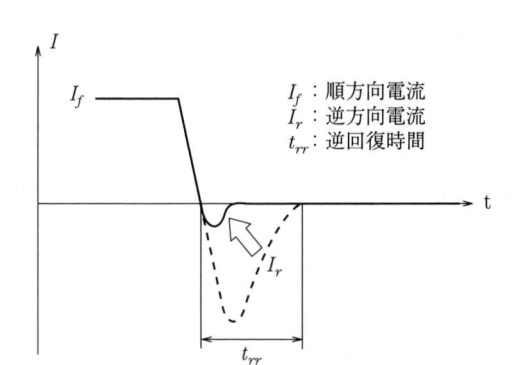

I_f：順方向電流
I_r：逆方向電流
t_{rr}：逆回復時間

図6.6 電力用ダイオードの過渡特性

結合中心を形成することにより行っている[†]。ライフタイム制御により逆方向電流を抑え，**逆回復時間** t_{rr} を短くできる（図中の実線）。これにより，応答速度を速くし，スイッチング損失を抑えることが可能となる。

6.3 パワーバイポーラトランジスタ

6.3.1 バイポーラトランジスタの電流-電圧特性

バイポーラトランジスタは，**npn 型**か **pnp 型**か，どちらかの3層構造をとる。図 6.7 に npn 型および pnp 型のバイポーラトランジスタの構造と記号を示す。バイポーラトランジスタは，**エミッタ**（E），**ベース**（B），**コレクタ**（C）の3端子デバイスである。デバイス特性に対し，ベース領域の長さ（ベース幅）の制御が非常に重要である。また，エミッタとコレクタの導電型は同じであるが，通常エミッタのほうが高濃度にドーピングされる。

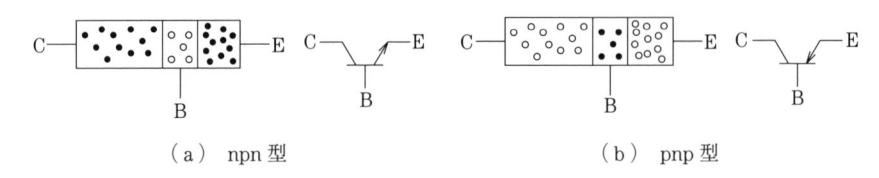

(a) npn 型　　　　　　　　　(b) pnp 型

図 6.7　バイポーラトランジスタの構造

実使用の際は，バイポーラトランジスタの3端子のうちの一つの端子を共通にして，入力2端子，出力2端子で使用する。スイッチングデバイスとしては，通常エミッタを共通とする**エミッタ接地回路**で使用する。図 6.8 に，エミッタ接地の場合の npn 型バイポーラトランジスタの電流-電圧特性を示す。エミッタ接地では電流の増幅が可能である。$\beta = h_{FE} = I_C/I_B$ を**エミッタ接地電流増幅率**と呼び，10～数百程度の値となる。β の値は，エミッタ領域の不純物濃度を高くして，ベース幅を短くするほど大きくなる。

図 6.9 にバイポーラトランジスタの動作領域を示す。**遮断領域**は，電流の

[†] 10.2.4 項参照。

6.3 パワーバイポーラトランジスタ 73

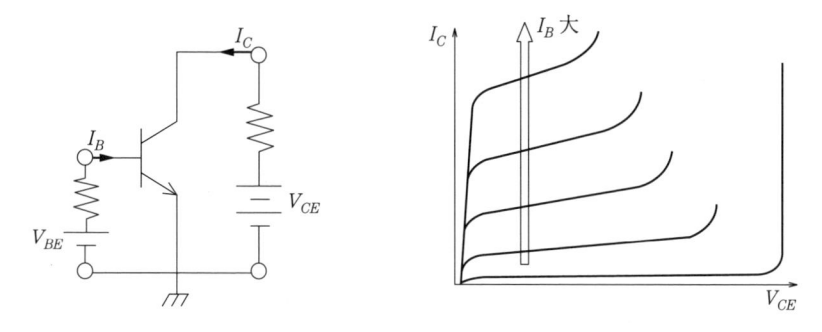

図 6.8 バイポーラトランジスタの電流-電圧特性

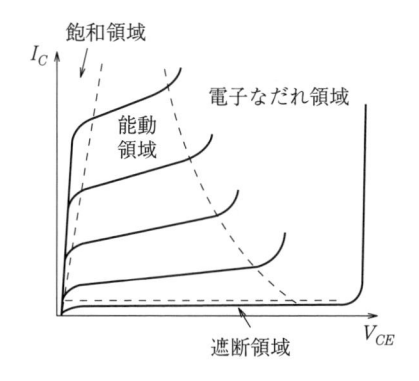

図 6.9 バイポーラトランジスタの動作領域

流れないオフの状態である。オン状態には，**飽和領域**，**能動領域**および**電子なだれ領域**がある。

6.3.2 バイポーラトランジスタのエネルギーバンド図

バイポーラトランジスタのそれぞれの動作領域でのエネルギーバンド図を**図 6.10** に示す。図 6.10（a）の熱平衡状態では，フェルミ準位が一致している。図 6.10（b）の遮断領域では，エミッターベース接合およびベース-コレクタ接合とも逆バイアス状態であり，電流は流れない。

図 6.10（c）の飽和領域および図 6.10（d）の能動領域ではエミッターベース接合が順バイアスされており，エミッタからベースにキャリヤ（この場合，電子）が注入され，ベースのエネルギー障壁を超えてコレクタに到達し，オン

74   6. 電力用ダイオードおよび電流制御型スイッチングデバイスの構造と特性

(a) 熱平衡状態

(b) 遮断領域

(c) 飽和領域

(d) 能動領域, 電子なだれ領域

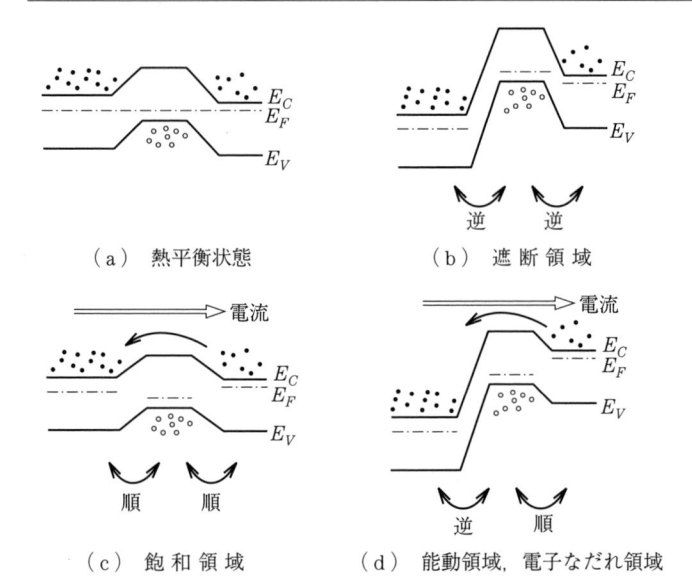

図 6.10　バイポーラトランジスタのエネルギーバンド図

状態となり，コレクタからエミッタに電流が流れる。したがって，ベース幅の制御が重要である。

　飽和領域では，エミッターベース接合およびベース-コレクタ接合とも順バイアス状態であり，トランジスタが実質的に短絡された状態となっている。電子なだれ領域のエネルギーバンド図は能動領域と同様であるが，ベース-コレクタ接合に大きな逆バイアスが印加され，なだれ降伏を起こしている状態である。

6.3.3　バイポーラトランジスタのスイッチング動作

　図 6.11 にバイポーラトランジスタのスイッチング動作のモードを示す。オフ状態の動作点は遮断領域にあるが，オン状態の動作点は飽和領域，能動領域，電子なだれ領域にある。

　飽和モードでは，オン時は実質的に短絡状態であり，理想的スイッチの機能に近い。能動領域を使用する電流モードは，高速スイッチングに用いられる。電子なだれモードは，一般的には用いられない。

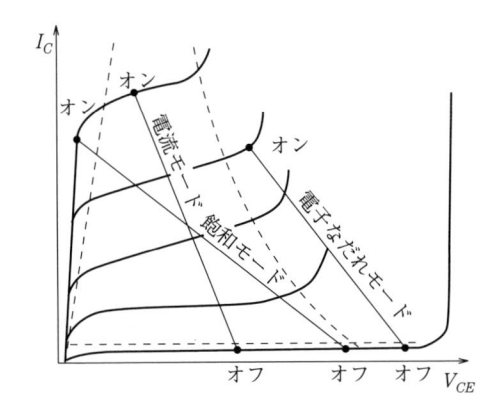

図6.11 バイポーラトランジスタのスイッチング動作

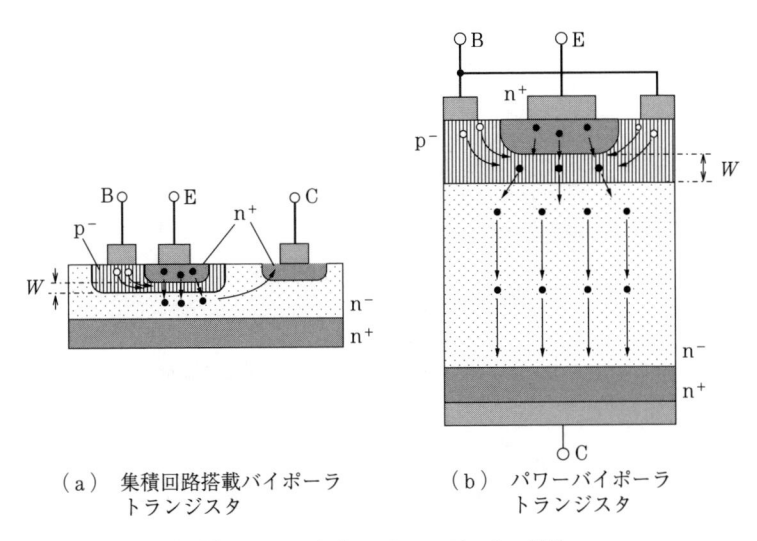

6.3.4 パワーバイポーラトランジスタの構造

図6.12に実際のパワーバイポーラトランジスタの断面構造を，集積回路に搭載されるバイポーラトランジスタとの比較で示す（集積回路搭載用バイポーラトランジスタは拡大されている）。図6.12（a）に示した集積回路搭載のバイポーラトランジスタにおけるn$^+$基板は，コレクタの抵抗低減のために必要である。

図6.12（b）に示したように，パワーバイポーラトランジスタは電力用ダ

（a）集積回路搭載バイポーラトランジスタ

（b）パワーバイポーラトランジスタ

図6.12 バイポーラトランジスタの構造

イオードと同様，縦方向に電流を流し，n⁻層で耐圧を保っている．表面側にエミッタおよびベース端子，裏面側にコレクタ端子がある．パワーバイポーラトランジスタにおいても，電力用ダイオードと同様，基板のライフタイム制御によりスイッチング特性の改善が行われる．

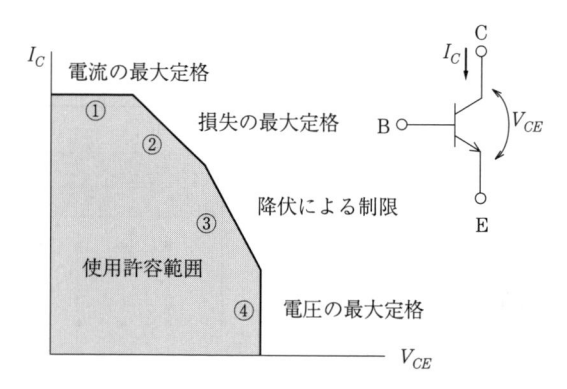

6.3.5 バイポーラトランジスタの安全動作領域

デバイスが破壊せずに動作可能な使用領域を**安全動作領域**（**SOA**：safety operating area）と呼ぶ．**図6.13**に，バイポーラトランジスタのI_C-V_{CE}特性における安全動作領域を示す．

電流の最大定格，電圧の最大定格，損失の最大定格および降伏現象による制限がある．それらの規格を超えて使用した場合，デバイスが破壊する危険がある．バイポーラトランジスタに限らず，市販の半導体デバイスには仕様書（スペックシート）がある．バイポーラトランジスタでは，それぞれの端子間電圧，端子電流，コレクタ損失，接合部温度などが記載されており，それらを基準に動作範囲を決めて使用する必要がある．

図6.13 バイポーラトランジスタの安全動作領域

6.3.6 ダーリントン接続

高電圧あるいは高速タイプのトランジスタでは，構造上電流増幅率が小さくなるという問題点がある．この対策として，**ダーリントン接続**したトランジス

タが用いられることがある.**図 6.14** にダーリントントランジスタの接続と断面構造を示す.トランジスタ 1（Tr₁）とトランジスタ 2（Tr₂）のコレクタは共通である.Tr₁ のエミッタ電極は Tr₂ のベース電極に接続されている.

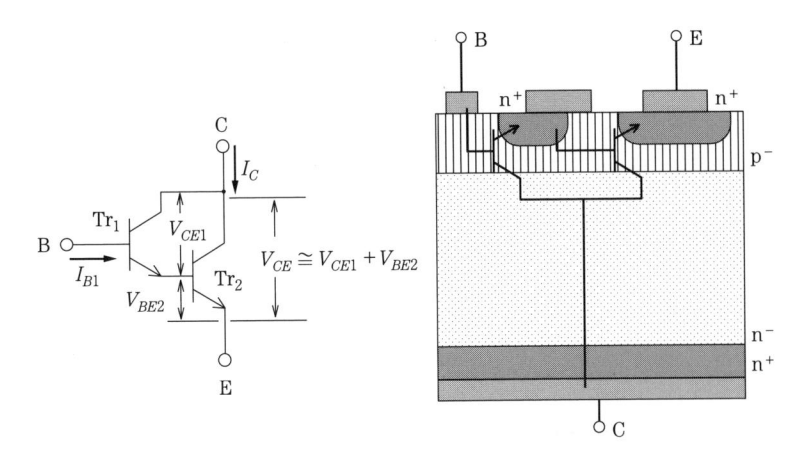

図 6.14 バイポーラトランジスタのダーリントン接続

ダーリントントランジスタでは，Tr₁ のエミッタ電流が Tr₂ のベース電流になっている.そのため，トータルの電流増幅率は，ほぼ Tr₁ の電流増幅率と Tr₂ の電流増幅率との積になり，大きな電流増幅率が得られる.ただし，図中に示したとおり，ダーリントントランジスタの V_{CE} は V_{CE1} と V_{CE2} の和となり，V_{CE} が高くなるという欠点がある.

6.4 サイリスタ

6.4.1 サイリスタの構造と電流-電圧特性

サイリスタは，pnpn の 4 層構造からなる.**図 6.15** にサイリスタの記号とデバイス構造を示す.サイリスタは，p_1 層に**アノード（A）電極**，n_2 層に**カソード（K）電極**，p_2 層に**ゲート（G）電極**が接続された 3 端子デバイスである.

耐圧保持層は n_1 層であり，低濃度で厚く形成され，高耐圧を実現している.なお，ゲート電極のない 2 端子の pnpn デバイスはショックレーダイオードと

図 6.15 サイリスタの構造

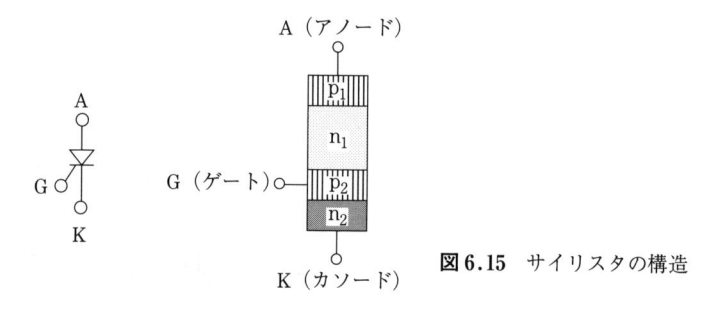

呼ばれる。

図 6.16 に，サイリスタの電流-電圧特性を示す。順方向オフの状態でサイリスタの順バイアスを大きくしていくと，ある点で急に大きな電流が流れる（順方向オン）。いったん順方向オンの状態になると，その後電圧を下げても順方向オンの状態で電流が小さくなる。この順方向オンとなる電圧の大きさは，ゲート電流が大きいほど小さい。

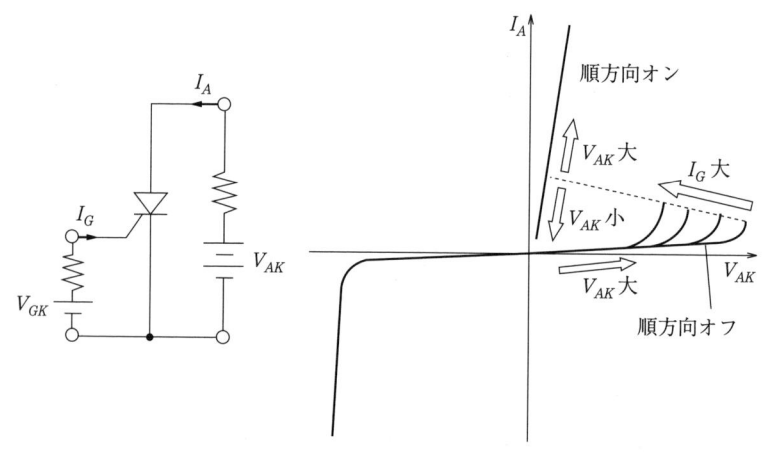

図 6.16 サイリスタの電流-電圧特性

なお，順方向オフの状態から順方向オンの状態になることを**点弧**（**ターンオン**）と呼び，逆に順方向オンの状態から順方向オフの状態になることを**消弧**（**ターンオフ**）と呼ぶ。

6.4.2 サイリスタの動作原理

図 6.17 に,サイリスタの等価回路を示す。サイリスタは,pnp トランジスタ (Tr$_1$) と npn トランジスタ (Tr$_2$) の接続で表される。この等価回路により,サイリスタの動作が説明できる。

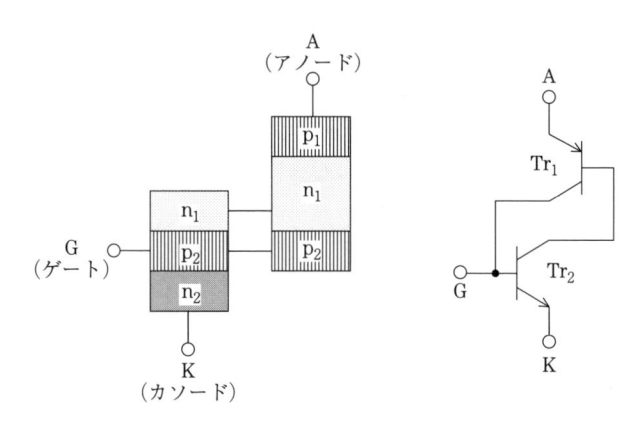

図 6.17 サイリスタの等価回路

図 6.18 に示したように,まず,サイリスタのゲート端子に電流①を流したとする。すると Tr$_2$ のベースに電流が流れ Tr$_2$ がオン状態になり,②の電流が流れる。これにより Tr$_1$ のベースに電流が流れ Tr$_1$ がオン状態になり,③の電流が流れる。③の電流により,Tr$_2$ のベースに電流が流れ Tr$_2$ がオン状態にな

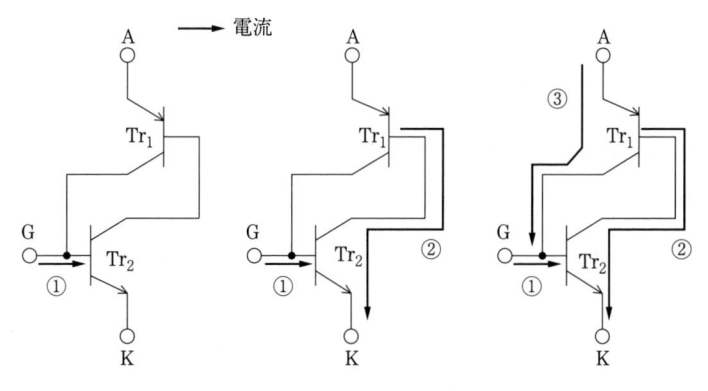

図 6.18 サイリスタのオン動作

る．これでサイリスタがオン状態になり，電流が流れる．

したがって，いったんゲート電流が流れると，Tr_1 と Tr_2 の動作に正のフィードバックがかかるため，たとえゲート電流がゼロになっても，サイリスタはオンのままである．このような現象を**ラッチアップ**と呼ぶ．

図 6.19 に，順方向オフ時および順方向オン時のエネルギーバンド図を示す．順方向オフの状態では，n_1 と p_2 の接合が逆バイアスされ，空乏層が不純物濃度の低い n_1 側に伸びている．順方向オンの状態では，すべての接合が順バイアス状態になっており，サイリスタは短絡に近い状態となっている．

なお，ゲート電流がゼロの場合でも順方向オンの状態になるのは，逆バイアスされた pn 接合が降伏状態になるためである．

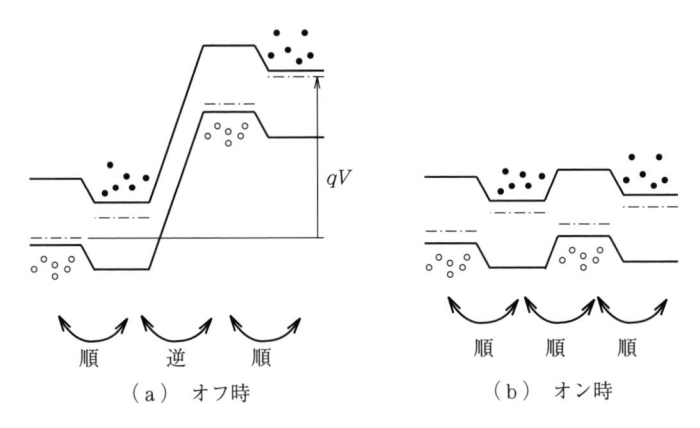

図 6.19 オフ時およびオン時のエネルギーバンド構造

6.4.3 GTO サイリスタ

上述のように，サイリスタは自己点弧できるが，**自己消弧**（入力信号によるオフ）できないデバイスである．サイリスタを消弧させるためには，外部電圧をゼロまたは負にしなければならない．したがって，交流に対しては電力制御が可能であるが，直流電源に対しては複雑な駆動回路が必要になる．この欠点を改善したのが **GTO サイリスタ**である．

図6.20にGTOサイリスタの構造と記号を示す。GTOサイリスタでは，ゲート電極をカソード電極に隣接して配置することにより，順方向オン時にTr_1からTr_2のベースに流れ込むホールを強制的に抜き去ることを可能にしている。この機能により，自己消弧が可能になる。

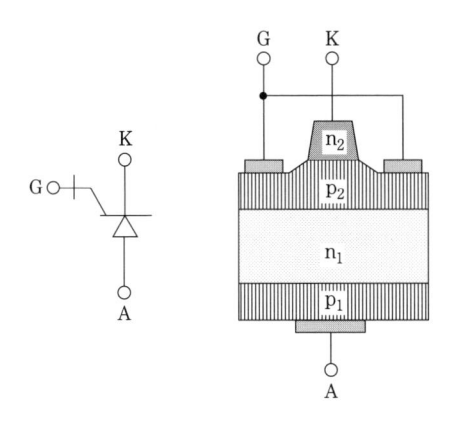

図6.20 GTOサイリスタの構造

GTOサイリスタの進化型として，ターンオフ能力を向上し，ターンオフ時間を短縮させたGCT（gate commuted turn-off）サイリスタと呼ばれるデバイスがある。

6.4.4 トライアック

トライアックは双方向サイリスタとも呼ばれ，ゲート電流により，順方向および逆方向のどちらにもターンオンが可能である。双方向を一つのゲートで制御可能であり，商用交流の電力制御に用いられる。

図6.21にトライアックの構造と記号および電流-電圧特性を示す。アノード，カソード，ゲートのすべてにおいて，p層とn層の両方にコンタクトがとられている。さまざまな電流経路があるため動作は複雑であるが，双方向でのターンオンが可能である。

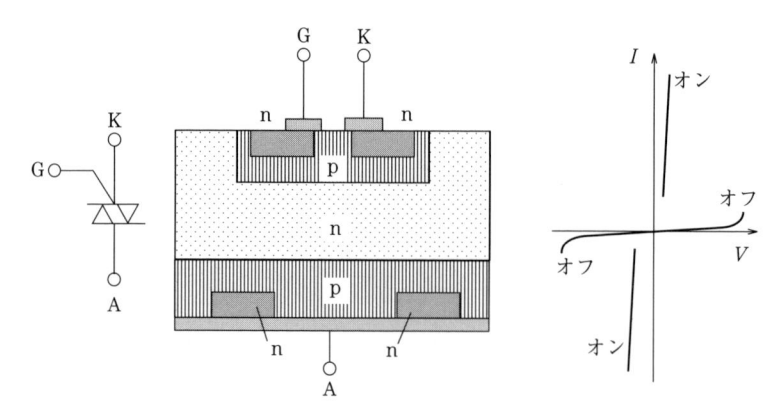

図 6.21 トライアックの構造と電流-電圧特性

6.4.5 逆導通サイリスタ

逆導通サイリスタとは，サイリスタとダイオードを一つのチップに一体化したデバイスである．順方向と逆方向で電力量の異なる用途に用いられる．

図 6.22に，逆導通サイリスタの構造と電流-電圧特性を示す．順方向は，通常のサイリスタ特性であり，電力制御が可能である．また，逆方向で pn 接合ダイオードが形成されるような構造をとっている．

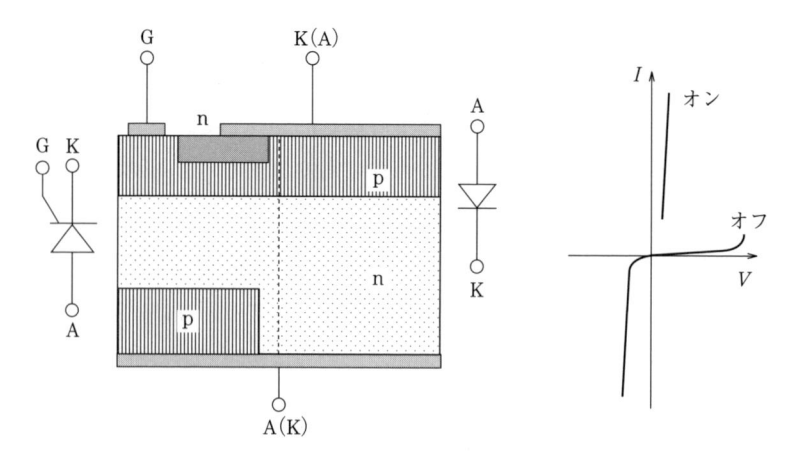

図 6.22 逆導通サイリスタの構造と電流-電圧特性

> **コーヒーブレイク**
>
> ## CMOS におけるラッチアップ
>
> 図に，**CMOS** で構成した論理反転回路[†]を示す。断面構造からわかるとおり，内部に寄生のバイポーラトランジスタ Tr_1 および Tr_2 が形成される。これらは，図（b）に示した等価回路を形成している。ここで，R_1 は p ウェルの抵抗，R_2 は n ウェルの抵抗である。
>
> p ウェルまたは n ウェルに電流が流れると，R_1 または R_2 に電圧降下が発生する。そのためにベース電流が流れ，Tr_1 および Tr_2 がオンとなる。すると，トランジスタのコレクタ電流が他方のトランジスタのベース電流となり，両方のトランジスタがオンとなる。この現象が，CMOS における**ラッチアップ**であり，外部からの制御ができなくなる。
>
> CMOS におけるラッチアップの対策は，R_1 または R_2 を小さくすることで実施できる。R_1 値の低減は，高不純物濃度基板を用いたエピタキシャルウェーハにより可能である。 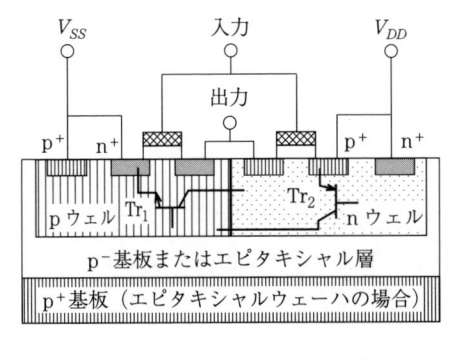
>
> （a）CMOS インバータの構造 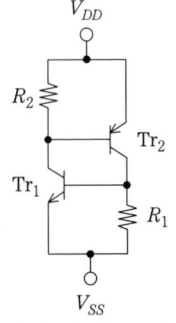　　（b）等価回路
>
> 図　CMOS におけるラッチアップ

[†] 論理反転回路をインバータ回路と呼ぶ。電力変換におけるインバータと同じ呼び方をするが，別の機能である。論理反転動作に関しては，他の文献を参照されたい。

7 電圧制御型スイッチングデバイスの構造と特性

　本章では，現在主流の電圧制御型スイッチングデバイスであるパワーMOSFETとIGBTの構造と特性について解説する。これらのデバイスが実用化されたことによって，今日のようにパワーデバイスの用途が拡大した。特にパワーデバイスの主役であるIGBTに関しては，構造および動作原理から多機能化まで，詳しく解説する。

7.1　パワー MOSFET

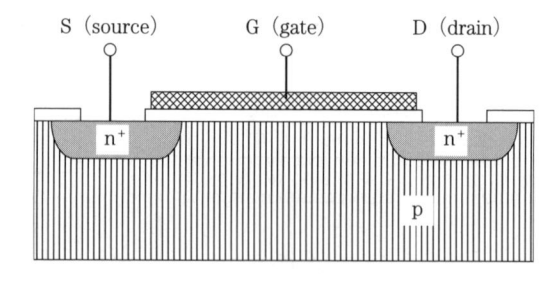

7.1.1　MOSFETの構造

　5.3節で，MOS構造に大きな逆バイアスを印加すると，半導体表面（酸化膜-半導体界面）が反転することを述べた。ただし，反転層中の少数キャリヤの誘起には，1ミリ秒～100秒の時間を要する[†]。

　図7.1にMOS-LSIに内蔵されるMOSFETの構造を示す。MOS構造の両側に，反転時に**ゲート**（G）下に誘起されるキャリヤと同じ導電型の高濃度不

図 7.1　MOSFETの構造

[†] この現象をたくみに利用したデバイスに，イメージセンサなどに用いられるCCD（charge coupled device）がある。

純物層を形成した構造をとっている。この高濃度不純物層は，それぞれ**ソース**（S）および**ドレーン**（D）と呼ばれる外部端子につながっている。

MOSFET では，ゲート下に反転層が形成されるような電圧が印加されると，ソースまたはドレーンから反転層にキャリヤが供給され，ただちにソース-ドレーン間に電流が流れる。MOSFET では，ソース-ドレーン間に電流が流れ出すゲート電圧をしきい値電圧 V_{Th} と呼び，ゲート下の電流が流れる層を**チャネル**と呼ぶ。図 7.1 は，反転キャリヤが電子の場合の n チャネル MOSFET の構造である。

7.1.2 MOSFET の電流-電圧特性

図 7.2 に MOSFET の電流-電圧特性を示す。ゲート電圧 V_G が**しきい値電圧** V_{Th} を超えると，ドレーン電流 I_D が流れ出す。ソース-ドレーン間電圧 V_{DS} の小さい線形領域では，ゲート電圧が大きくなると**反転層**中のキャリヤが増し，電流が増加する。

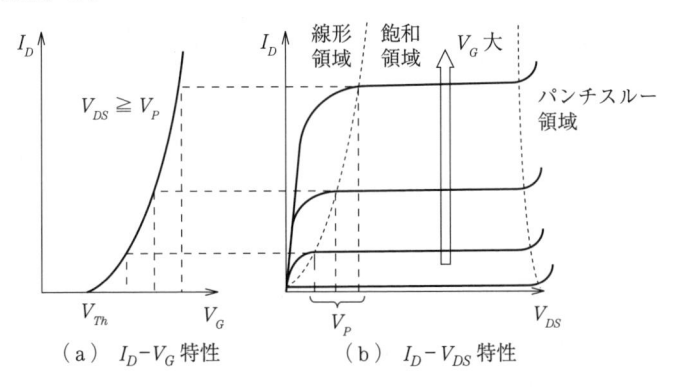

図 7.2 MOSFET の電流-電圧特性

飽和領域では，p 型基板 – n^+ ドレーン間に空乏層が形成されることにより，ドレーン端からチャネルが徐々に消滅していく。チャネルが消滅し始める V_{DS} を**ピンチオフ電圧** V_P と呼ぶ。チャネルの一部が消滅しても，ドレーンとチャネルの間には高電界が印加されるので，キャリヤは流れることが可能であり，ドレーン電流は飽和する。

さらに V_{DS} が大きくなると，チャネルがすべて消滅する．この場合は，ゲート電圧によるドレーン電流の制御がきかなくなり，大電流が流れる．この状態を**パンチスルー**と呼ぶ．

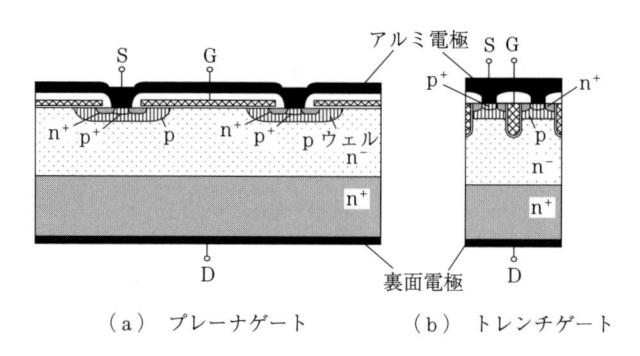

7.1.3 パワー MOSFET の構造

図7.3に**パワー MOSFET** の構造を示す．初期のパワー MOSFET は，図7.3（a）の**プレーナ（平面）ゲート型**の構造をとっていた．この場合は，反転チャネルは半導体表面に形成される．なお，p ウェルはソースと共通にコンタクトされている．その後，パワー MOSFET は微細化により性能改善と生産性の向上が継続的になされた．

（a） プレーナゲート　　　　（b） トレンチゲート

図7.3 パワー MOSFET の構造

パワー MOSFET の性能は，図7.3（b）の**トレンチゲート型**の構造の採用によりさらに改善された．トレンチゲート型では，半導体表面にトレンチ（溝）を掘り，トレンチ側面に反転チャネルを形成する．これにより，チップの小型化とオン抵抗の低減がなされた．

パワー MOSFET が逆バイアスされた場合を考える．この場合は，**図7.4**に示したように，MOSFET 内に形成された pn 接合が単純に順バイアス状態になり，ソースからドレーンに電流が流れる．このときに形成される内蔵 pn 接合ダイオードを**ボディダイオード**と呼ぶ．ボディダイオードに FWD の働きをさせることができる．

7.1 パワー MOSFET　　87

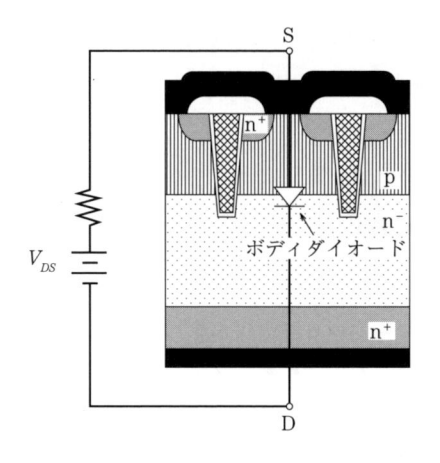

図 7.4　パワー MOSFET の逆バイアスとボディダイオード

7.1.4　スーパージャンクション構造

図 7.5 に，パワー MOSFET の改善構造である**スーパージャンクション構造**を示す。n 層/p 層の繰り返し構造は，n 型シリコン基板のエッチングと p 型シリコンのエピタキシャル成長により形成される。

スーパージャンクション構造のパワー MOSFET では，ドレーン-ゲート間容量が小さく，スイッチング損失を小さくすることが可能である。また，深い p 層にも空乏層が伸びる効果により，n 層の不純物濃度を上げることが可能であ

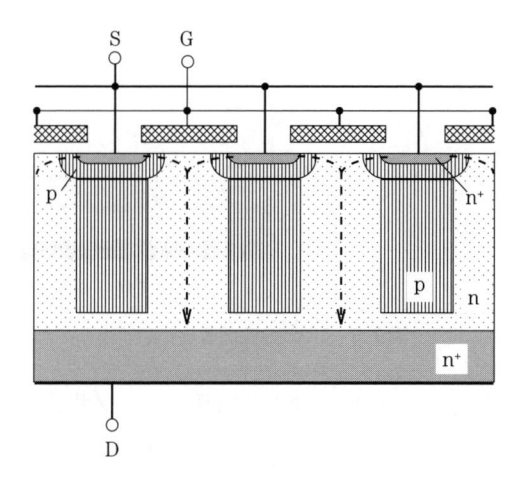

図 7.5　スーパージャンクション MOSFET の構造

り，低オン抵抗が実現できる．その結果，600 V 程度の高耐圧デバイスが実現されている．スーパージャンクション構造は，そのほかに，クール MOS，メッシュ構造とも呼ばれている．

7.2 IGBT

7.2.1 IGBT の構造

IGBT は，MOSFET の高速性とバイポーラトランジスタの大容量性を兼ね備えたデバイスである．図 7.6 に，トレンチゲート IGBT の断面構造と記号を示す．表面側の構造は基本的にパワー MOSFET と同様であり，スイッチングのための MOS ゲートを形成している．ワイヤボンディングのための厚いアルミニウムを形成しているのも同様である．パワー MOSFET との違いは裏面側の構造にあり，最下層にバイポーラ動作のための p 層（図中の p^{++} コレクタ）が形成されている．

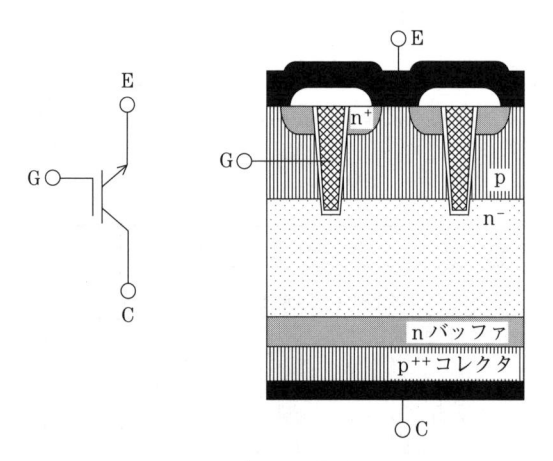

図 7.6 IGBT の断面構造と記号

最近の IGBT では，パワー MOSFET と同様，チップサイズ縮小のためトレンチゲート型が主流になっている．IGBT でも，他のパワーチップ同様，電流を縦方向に流すため，表面側にエミッタ層，裏面側にコレクタ層を形成してい

る。裏面電極は，p^{++}層とのコンタクトのためのアルミニウムとダイボンドのためのニッケルを含む多層構造である。最表面は，ニッケルの酸化防止のための金などを成膜する。

図7.7に順方向オフ時の電界分布を示す。図7.7（a）は，**ノンパンチスルー**（**NPT**：non punch through）型のIGBTの構造であり，n$^-$層のみで耐圧を保持している。ノンパンチスルー型では，最大のバイアス印加時でも空乏層は裏面p^{++}層までは到達しない。もし，p^{++}層まで空乏層が到達すると，MOSFETのパンチスルーと同様，電流の制御ができなくなる。n$^-$/p^{++}構造は，p^{++}基板上へのn$^-$層のエピタキシャル成長あるいはn$^-$基板へのp型不純物の裏面からの拡散[†]で形成される。

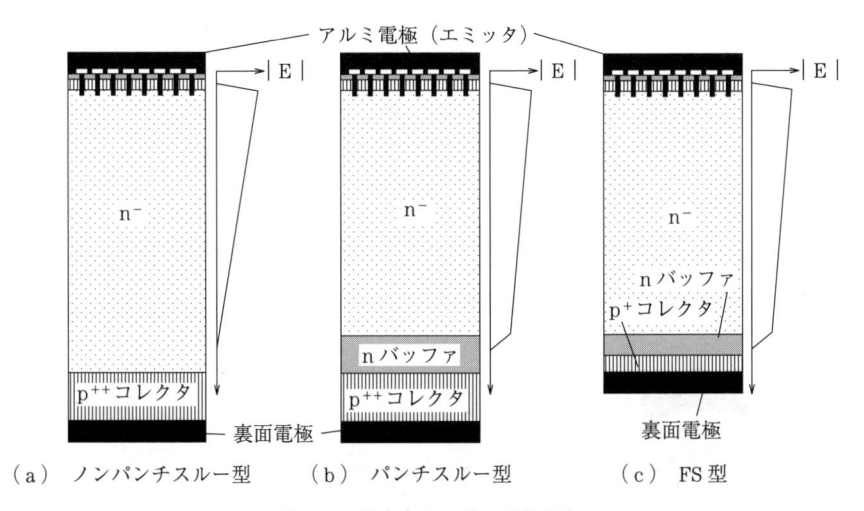

（a）ノンパンチスルー型　　（b）パンチスルー型　　（c）FS型

図7.7　順方向オフ時の電界分布

図7.7（b）は，**パンチスルー**（**PT**：punch through）型のIGBTの構造である。裏面側に順バイアスオフ時の空乏層の伸びを抑制するためのn層を形成している。PT型では，n$^-$を短くしてオン抵抗を低減することが可能である。この場合のn$^-$/n/p^{++}構造は，エピタキシャル成長または裏面からの不純物の拡散で形成される。

[†]　9.2.4項参照。

PT型では，空乏層が裏面n不純物層まで達しているためパンチスルー型とは呼ばれているが，p^{++}層までは達しないように設計されている。また，n層の最大電界（n^-層との界面の電界）は，n層の絶縁破壊電界に達しないように設計する必要がある。

図7.7（c）は，**FS**（field stop）型または**LPT**（light punch through）型と呼ばれており，パンチスルー型と同様，オン抵抗の低減が可能である。また，裏面のp^+層は最後に形成する†ため，ドーパント濃度の制御が可能である。そのため，オン動作時のホール注入量の制御が可能であり，PT型で必須のライフタイム制御なしでデバイスが製造できる。FS型では，高価なエピタキシャルウェーハを使用しないことと，ライフタイム制御プロセスが不要なことで低コスト化が可能である。そのため，1200VクラスのIGBTでは主流の構造になってきている。

7.2.2 IGBTの電流-電圧特性

図7.8にIGBTの等価回路を示す。図7.8（a）の等価回路はMOSFETとpnp型およびnpn型バイポーラトランジスタの接続で表される。この回路においては，MOSFETがオンするとpnp型トランジスタがオンし，それにより

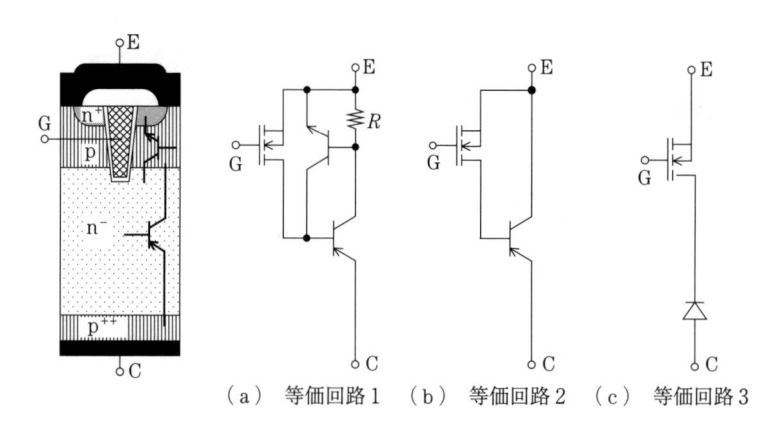

（a）等価回路1　（b）等価回路2　（c）等価回路3

図7.8 IGBTの等価回路

---

† 10.3節参照。

npn 型トランジスタがオンとなり，ラッチアップ状態となる。ラッチアップを回避するためには p ウェルの抵抗を下げる必要があり，実用化されている IGBT はそのように設計されている。その場合の等価回路は，npn 型トランジスタを省略して図 7.8（b）となる。また，図 7.8（c）のように，等価回路を MOSFET と pin 接合ダイオードの接続で表す場合もある。

図 7.9 に，等価回路 2 および等価回路 3 における IGBT のオン動作を示す。図 7.8（b）の MOSFET と pnp 型バイポーラトランジスタの接続による等価回路では，IGBT の動作は以下のように説明できる。まず，ゲートに正バイアスが印加される（①）と MOSFET がオン状態になる。それにより，pnp 型バイポーラトランジスタのベースに電流が流れ（②），バイポーラトランジスタがオン状態になる。こうして IGBT がオン状態になり，③の電流が流れる。ただし，この等価回路におけるバイポーラトランジスタのベース幅は長く，電流増幅率はそれほど大きくはならない。

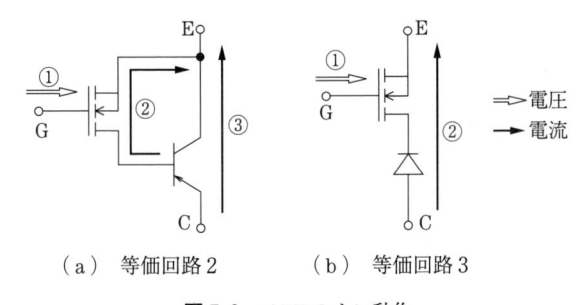

（a） 等価回路 2　　（b） 等価回路 3

図 7.9 IGBT のオン動作

図 7.8（c）の MOSFET と pin 接合ダイオードの接続による等価回路では，IGBT の順方向バイアスは pin 接合ダイオードの順方向バイアスとなっている。しかしながら，MOSFET がオフの状態では電流は流れない。ゲートに正バイアスが印加され（①），MOSFET がオン状態になると，pin 接合ダイオードに②の電流が流れ，IGBT がオン状態になる。

図 7.10 に IGBT の電流-電圧特性を示す。MOSFET と同様，**しきい値電圧** V_{Th} を持ち，ゲート電圧が高いほど，大きなコレクタ電流が流れる。バイポー

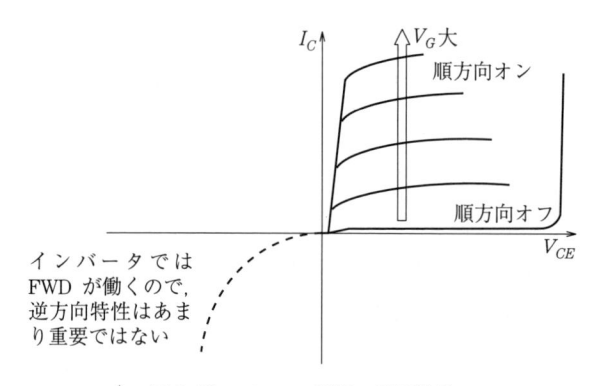

図7.10 IGBT の電流−電圧特性

ラトランジスタと同様,**バイポーラデバイス**であるが,バイポーラトランジスタは入力信号が電流である電流制御型に対し,ゲート電圧が入力信号である電圧制御型であるところが大きく異なり,IGBT では高速動作が可能である。

通常,IGBT の逆方向特性は十分には作り込まれていない。なぜなら,インバータでは並列に FWD が接続され,IGBT が逆方向にバイアスされる状況では FWD を通して電流が流れるので,逆方向特性はあまり重要ではないからである。逆方向特性を制御して設計した IGBT が,7.3節で述べる逆導通 IGBT および逆阻止 IGBT である。

7.2.3 IGBT のオン抵抗

図7.11 に,プレーナゲート IGBT とトレンチゲート IGBT のオン抵抗の構成を示す。R_{MOS} は MOSFET 部分の動作時のチャネル抵抗である。R_J は JFET (junction FET) 抵抗と呼ばれ,p 層間に挟まれた部分の抵抗である。R_D はドリフト層の抵抗である。

飽和電圧 $V_{CE(\mathrm{sat})}$ は,IGBT の重要特性である。飽和電圧 $V_{CE(\mathrm{sat})}$ は,それぞれのオン抵抗による電圧降下と裏面側の pn 接合の V_f を合わせて,次式で表される。

$$V_{CE(\mathrm{sat})} = (R_{\mathrm{MOS}} + R_J + R_D)I_C + V_f \tag{7.1}$$

7.2 IGBT   93

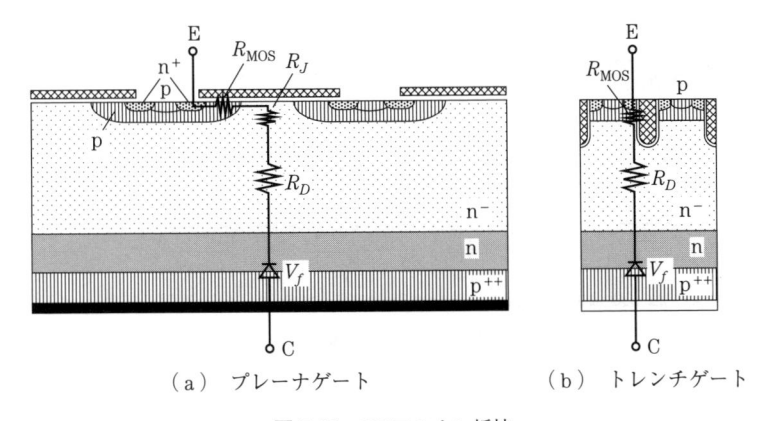

図 7.11 IGBT のオン抵抗

図 7.11（b）のトレンチゲート IGBT には R_J 成分がなく，低 $V_{CE(\text{sat})}$ が実現可能である。

7.2.4 IGBT の順方向および逆方向耐圧

通常 IGBT は，スイッチオフ状態確保のため，順方向に対しては高い耐圧を有するように構造設計されている。一方，インバータへの適用では並列に FWD が接続される配置がとられることから推察されるように，逆方向の耐圧は要求されない。

順方向バイアスとして，n$^+$ エミッタと p ウェルに負電圧，裏面コレクタ p$^+$ 層に正電圧が印加される。この場合は p ウェルと n$^-$ 層間が逆バイアスされ，p ウェルから n$^-$ 方向に空乏層が伸びる。縦方向に対しては，n$^-$ 層の距離で耐圧を確保している。一方，横方向に対しては，距離で耐圧を確保しようとすると，チップの面積が大きくなってしまう。図 7.12 に横方向の耐圧保持のための構造の一例を示す。基本的な考え方は，チップ周辺まで空乏層が到達しないよう構造設計することである。図の構造はチップ外周を囲むように形成されるため，**ガードリング**と呼ばれる。

逆方向バイアスは，n$^+$ エミッタと p ウェルに正電圧，裏面コレクタ p$^+$ 層に負電圧が印加される。この場合は，裏面コレクタ p^{++} 層と n 層間が逆バイア

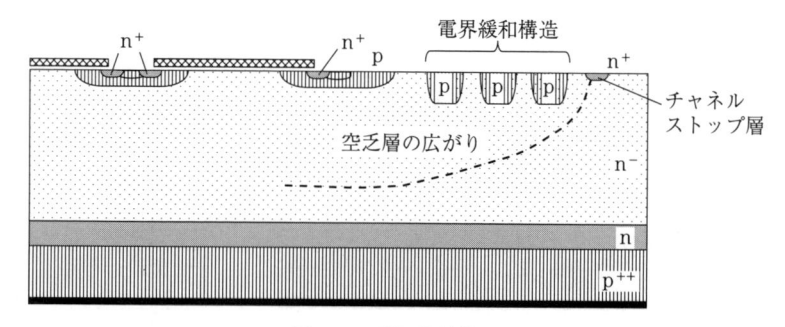

図7.12 耐圧保持構造

スされ,裏面コレクタ p^{++} 層から n 方向に空乏層が伸びる。裏面側はパターンが形成されていないため空乏層はチップ側面を伸展し,その面状態で耐圧が決まってしまう。通常チップ側面はダイシング面[†]であり,機械的ダメージを有する。そのため,そのままの状態では高い逆方向耐圧は示さないが,上述のようにインバータ用途では特に問題とはならない。

7.2.5 IGBT の損失とトレードオフ関係

オン抵抗,スイッチング損失,および安全動作領域は IGBT の重要な性能である。これらは,どれかの性能を向上させると,ほかの性能が劣化する**トレードオフ関係**にあること,そのため,パワーデバイスではつねにこれらのバランスを考えた設計が要求されることは,2 章でも述べた。

一般的なオン抵抗 (R_{ON}) とスイッチング損失 (E_{OFF}) の関係を図 7.13 に示す。一つの線は同一の構造で作製したデバイスに,ライフタイム制御の条件のみ変えたような場合であり,同等の性能である。R_{ON} を小さくすると E_{OFF} が大きくなり,逆に R_{ON} を大きくすると E_{OFF} が小さくなるトレードオフ関係を示している。デバイス構造の改良などによりデバイス性能を向上させると,このトレードオフ関係は矢印の方向に進む。

さらに,広い安全動作領域を確保しようとすると,矢印とは逆方向に動き,三者のトレードオフ関係になる。したがって,パワーチップでは,これらのバ

[†] 11.1.2 項参照。

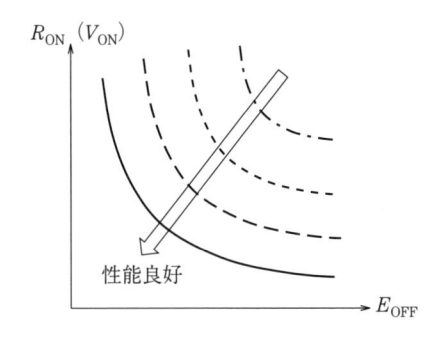

図7.13 IGBTのトレードオフ特性

ランスが重要である．パワーチップの性能向上による世代交代は，トレードオフ特性の向上によってなされてきた．

7.2.6 IGBTの構造開発

トレンチIGBTによる性能向上後に，さらなる改善構造として，**IEGT**（injection enhanced gate transistor）および**CSTBT**（carrier strored trench bipolar transistor）と呼ばれる新構造IGBTが開発され，実用化されている．

図7.14に，トレンチIGBTとIEGTの断面構造およびオン動作時の過剰キャリヤ密度分布を示す．通常のトレンチIGBTでは，コレクタから注入されたホールの密度は，エミッタに近づくにつれ低下する．一方，IEGTでは，エミッタのn^+層を間引いた構造をとっている．これにより，過剰キャリヤを停

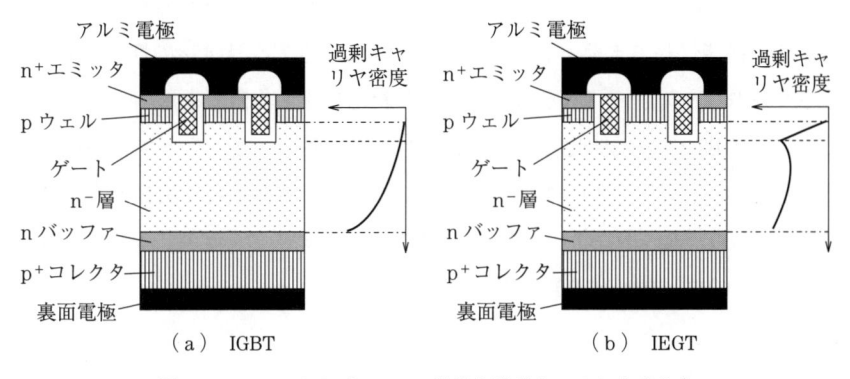

図7.14 IGBTおよびIEGTの構造と過剰キャリヤ密度分布

滞させ，エミッタからの電子の注入を増加させることができる。

図7.15は，CSTBTの断面構造およびオン動作時の過剰キャリヤ密度分布である。pウェルの下に，キャリヤストア層と呼ばれるn層を挿入している。これにより，エミッタへのホールの流れが抑制され，IEGTと同様の効果が得られる。IEGT，CSTBTとも，同一設計寸法のIGBTと比較して，R_{ON}対E_{OFF}のトレードオフ特性を向上させることができる。

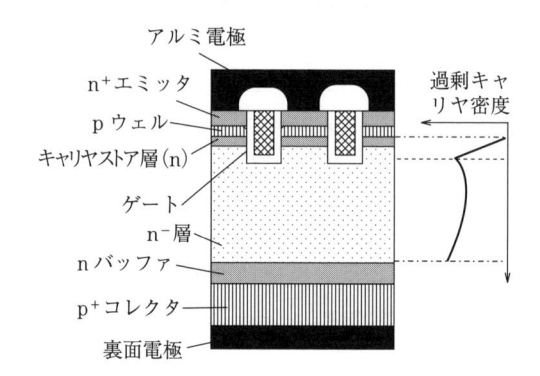

図7.15 CSTBTの構造と過剰キャリヤ密度分布

7.3 IGBTの多機能化

7.3.1 IGBTとダイオードの集積化

IGBTは，微細化，トレンチゲート化，IEGTやCSTBTなどの新構造の適用により高性能化してきた。しかしながら，ここにきてシリコンの性能限界説がささやかれている。そこで，IGBTを多機能化して性能限界を超える動きが出ている。IGBTの多機能化として，IGBTとダイオードを1チップに集積した多機能IGBTが考案されている。IGBTとダイオードを並列に集積したものが**逆導通IGBT（RC-IGBT）**であり，IGBTとダイオードを直列に集積したものが**逆阻止IGBT（RB-IGBT）**である。

7.3.2 逆導通 IGBT

IGBTのインバータへの適用では，IGBTに並列にFWDが接続される。このIGBTとFWDを1チップに集積したものが**RC-IGBT**である。RC-IGBTにより，モジュール内の搭載チップ数の削減とモジュールの小型化，そしてモジュールトータルでのコスト低減が期待できる。

図7.16に，プレーナゲート型のRC-IGBTの構造と動作を示す。裏面にn^+層とp^+層の両方を形成している[†]。p^+層を形成した領域は，IGBTとして振る舞う。一方，n^+層を形成した領域は，FWDとして働く。

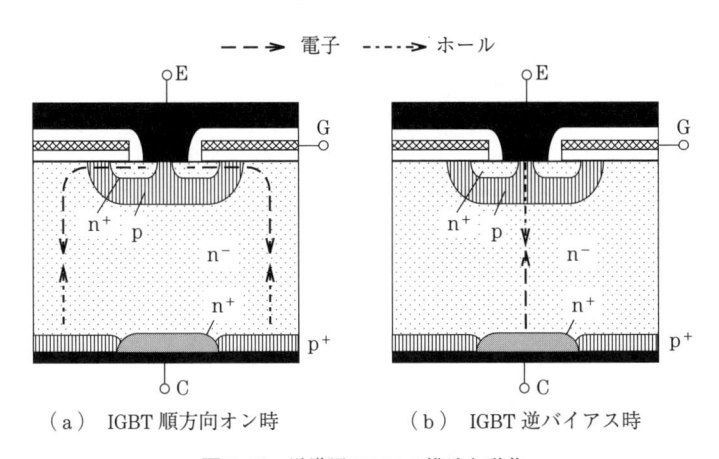

（a）IGBT 順方向オン時　　　（b）IGBT 逆バイアス時

図7.16 逆導通IGBTの構造と動作

図7.16（a）は，IGBTが順方向バイアスでオン状態における動作を示している。MOSチャネルを通して電子が流れ，コレクタのp^+層からホールが注入されコレクタからエミッタに電流が流れる。図7.16（b）は，IGBTが逆方向バイアスされた場合である。この場合は，pウェルとn^-層が単純なpn接合を形成している。また，裏面にn^+層を形成することにより，裏面電極とのコンタクトがとられている。したがって，エミッタからコレクタに電流が流れ，FWDとして動作する。

[†] 10.3節で説明する裏面プロセスに，写真製版を追加して実現可能である。

図 7.17 に，RC-IGBT の特性を示す．順方向特性は通常の IGBT と同様であるが，逆方向バイアス印加時には pn 接合ダイオードの特性が現れ，電流が流れる．ただし，RC-IGBT では FS 構造にすることが難しく，IGBT 自身を最適化できない問題がある．

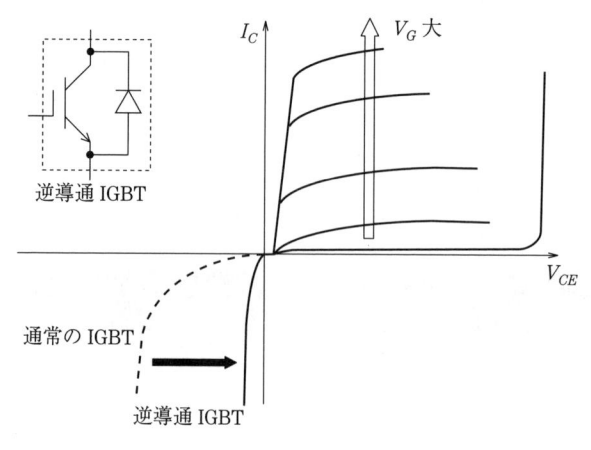

図 7.17 逆導通 IGBT の特性

7.3.3 逆阻止 IGBT

図 7.18 に，**AC マトリックスコンバータ**の模式図を示す．AC マトリックスコンバータは，直接交流から交流への電力変換を行い，モータを制御する装置である．この方式では，平滑コンデンサを必要とせず，システムの小型化が可能である．一方で，一時的に電荷を蓄積できるコンデンサがないため，瞬時停電に弱いという欠点がある．

AC マトリックスコンバータを実現するためには，AC スイッチが必要である．AC スイッチは逆方向にも十分な耐圧を有する IGBT を並列に接続することにより実現できる．逆方向耐圧を有する IGBT は，直列にダイオードが接続された等価回路で表され，**RB-IGBT** と呼ばれる．

RB-IGBT は，**NPC**（neutral point clamped）方式インバータにも適用されて

7.3 IGBTの多機能化　99

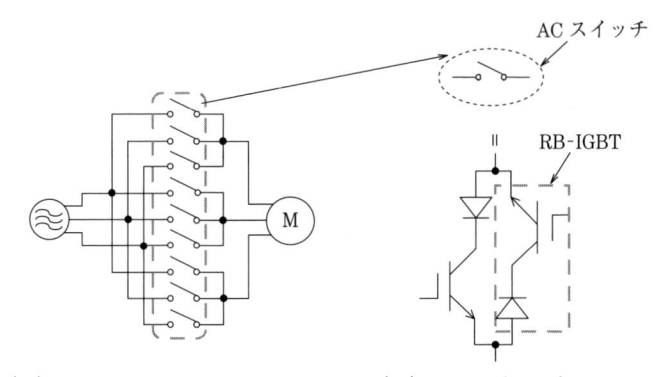

(a) ACマトリックスコンバータ　(b) ACスイッチとRB-IGBT

図7.18 ACマトリックスコンバータとRB-IGBT

いる。図7.19(a)に従来のNPC方式インバータの回路図を示す。図7.19(b)は，RB-IGBTによるNPC方式インバータの構成を示す。RB-IGBTを適用することにより，従来方式と比較して，少ないデバイス数でNPC方式インバータが実現できる。

(a) 従来のNPCインバータ　(b) RB-IGBTによる構成

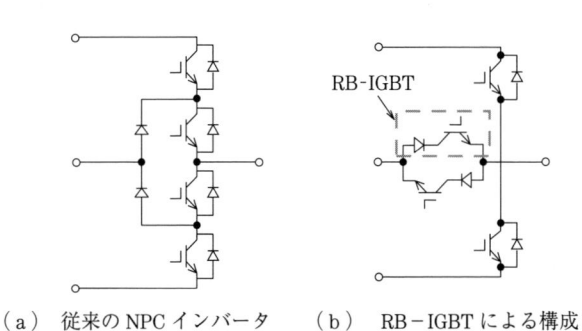

図7.19 NPCインバータ

図7.20に，RB-IGBTの構造と逆バイアス印加時の電界強度を，通常のNPT型IGBTとの比較で示す。RB-IGBTでは，裏面のpn接合が逆バイアスされることにより，裏面から空乏層が伸展しても側面での耐圧劣化が発生しないよう，チップ側面にp型不純物層を形成している。この構造により，裏面から伸びる空乏層がチップ側面の低耐圧領域に接触することなくチップ表面に達

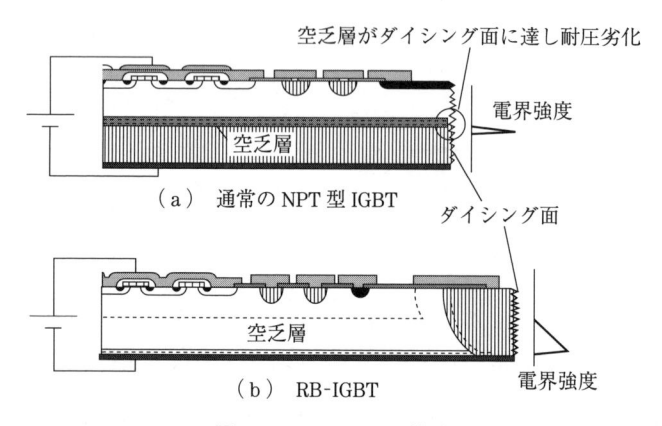

7. 電圧制御型スイッチングデバイスの構造と特性

図 7.20 RB-IGBT の構造

し，耐圧が劣化することはない。

図 7.21 に，RB-IGBT の電流-電圧特性を示す。RC-IGBT と同様，順方向では通常の IGBT の特性を示す。一方，逆方向バイアス印加時でも高い耐圧を保持した特性となっている。

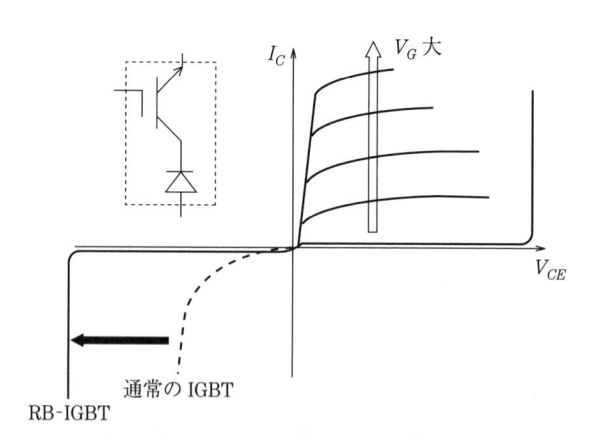

図 7.21 RB-IGBT の電流-電圧特性

7.3 IGBTの多機能化

> **コーヒーブレイク**
>
> ### パワーデバイスの端子と記号
>
> 表に，パワーデバイスの端子と記号をまとめて示した．ダイオードは，アノードとカソードの2端子を有する．スイッチングデバイスであるバイポーラトランジスタ，サイリスタ，MOSFETおよびIGBTには，信号入力1端子と負荷に電流を流すための2端子の3端子がある．
>
> **表** パワーデバイスの端子と記号
>
> | | 入力端子
(信号入力) | 出力端子
(電流・電圧出力) | 記号 |
> |---|---|---|---|
> | ダイオード | — | A(アノード)-K(カソード) | A─▷├─K |
> | バイポーラ
トランジスタ | B(ベース) | E(エミッタ)-C(コレクタ) | C,E,B |
> | サイリスタ | G(ゲート) | A(アノード)-K(カソード) | A,K,G |
> | MOSFET | G(ゲート) | D(ドレーン)-S(ソース) | D,S,G |
> | IGBT | G(ゲート) | E(エミッタ)-C(コレクタ) | C,E,G |
>
> バイポーラトランジスタの信号入力端子はベースであり，出力電流はエミッタ-コレクタ間に流れる．表中の記号はnpn型であり，pnp型ではエミッタの矢印が反対向きである．矢印の向きは電流の流れる方向である．
>
> サイリスタの信号入力端子はゲートであり，出力電流はアノード-カソード間に流れる．電流の流れる方向は，ダイオードの場合と同じである．
>
> MOSFETの信号入力端子はゲートであり，出力電流はドレーン-ソース間に流れる．表中の記号はnチャネルMOSFETであり，pチャネルMOSFETではソースの矢印が反対向きである．IGBTの信号入力端子はゲートであり，出力電流はエミッタ-コレクタ間に流れる．表中の記号はnチャネルIGBTであり，pチャネルIGBTではソースの矢印が反対向きである．矢印の向きは，バイポーラトランジスタと同様，電流の流れる方向である．

8 パワーモジュールの構造と要求性能

本章では，パワーチップをモジュール化したパワーモジュールの構造と要求性能について解説する。多くのパワーデバイス，特に大容量デバイスは，複数のパワーチップがモジュール化されて製品化されている。これがパワーデバイスの特徴の一つである。実際のパワーモジュールの構造とモジュール化における注意点を述べる。

8.1 パワーチップのモジュール化

8.1.1 パワーモジュール搭載チップ

図8.1に，**コンバータ/インバータシステム**とさまざまなモジュールの搭載チップを示す。破線は個々の単位モジュールを示す。パワーデバイスには，スイッチングデバイスおよびダイオードを単体で搭載した**ディスクリートデバイス**がある（図8.1中の①）。

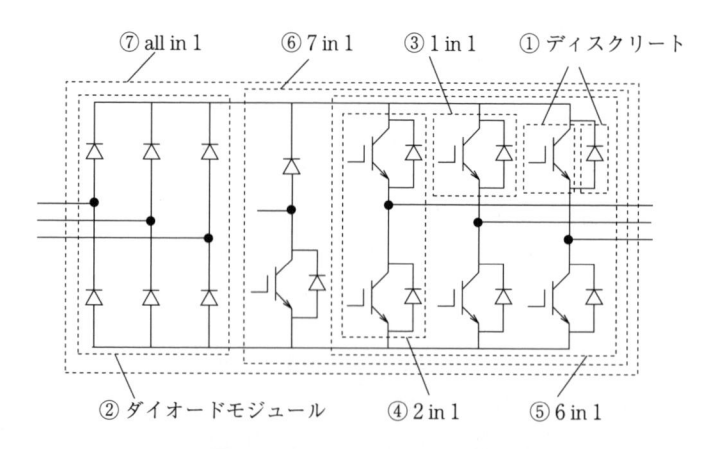

図8.1 パワーモジュールの種類

複数のチップを搭載したパワーモジュールには，コンバータ部をモジュール化した**ダイオードモジュール**がある（図8.1中の②）。インバータ部のスイッチングデバイスのモジュールには，1スイッチ分のIGBTとFWDをモジュール化した**1 in 1**[†1]タイプ（図8.1中の③），2スイッチ分をモジュール化した**2 in 1**タイプ（図8.1中の④），6スイッチ分をモジュール化した**6 in 1**タイプ（図8.1中の⑤）がある。

さらに，スイッチングデバイスに回生ブレーキ回路[†2]を含んだ**7 in 1**タイプ（図8.1中の⑥）がある。そして，コンバータ/インバータ機能のすべてを入れた**all in 1**タイプ（図8.1中の⑦）まで市販されている。大電流を扱うときは，各スイッチを並列チップで構成するので，多いものでは数十個のパワーチップを搭載したモジュールがある。

8.1.2　パワーモジュールへのチップの搭載

図8.2に，IGBTでインバータを構成する場合の1スイッチ分のチップ配置

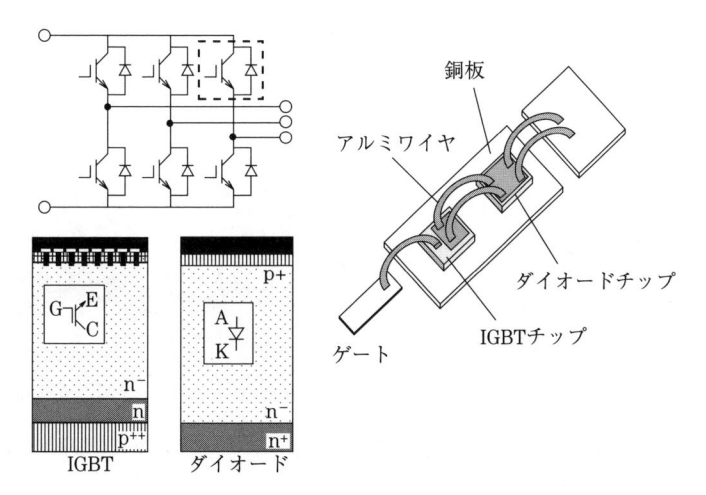

図8.2 パワーチップのモジュール化（IGBTでインバータを構成する場合）

[†1] ワンインワンと読む。以下同様に，ツーインワン，シックスインワン，セブンインワン，オールインワンと読む。
[†2] モータが減速するときに発生する回生電力を消費するための回路。

を示す．IGBT，FWDともに縦方向に電流を流すが，オン時のIGBTでは，下から上方向に電流が流れ，FWDでは，上から下方向に電流が流れるように構造設計されている．したがって，図のようにIGBTのコレクタとFWDのカソードを一つの金属板（通常銅板）上に搭載し，上部電極を配線することにより，1スイッチが形成できる．

上部配線は大電流を流すため，300～400μmの太いアルミニウム線で複数本のワイヤボンディングを施す．また，信号入力のためのIGBTのゲートは別に配線している．

図8.3に3相インバータ分の単純な配置例を示す．①のインバータ高圧側配線には3スイッチ分のIGBTのコレクタとFWDのカソードが配置されるため，一つの金属板に配置される．高圧側のIGBTのエミッタとFWDのアノードは低圧側のIGBTのコレクタとFWDのカソードが搭載された銅板（③～⑤）に配線され，モータ負荷に接続されている．低圧側のIGBTのエミッタとFWDのアノードは②のように，低圧側の一つの金属板に配置される．⑥～⑪はIGBTのゲート電極である．

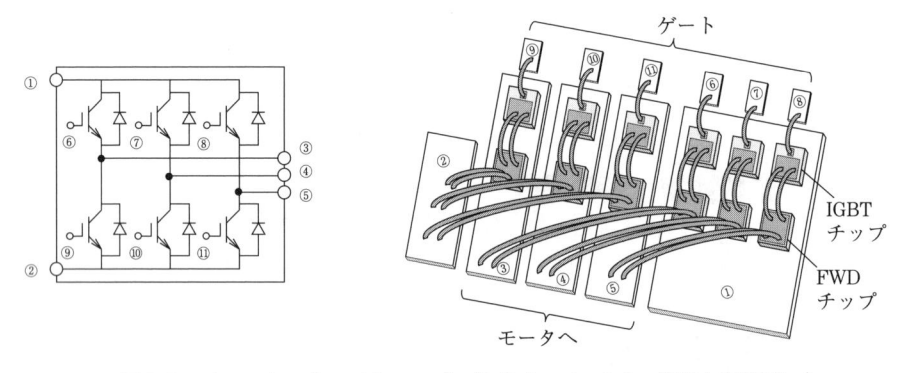

図8.3 パワーチップのモジュール化（3相インバータ分の単純な配置例）

図8.3は単純な配置例であるが，実際は**寄生インダクタンス**成分が小さくなるよう，アルミニウムワイヤの長さが短くなるようなチップ配置の工夫がなされる．

8.1.3 パワーモジュールのインテリジェント化

IPMは，IGBTなどのスイッチングデバイスおよびFWDのディスクリートチップに加え，**制御機能**および**駆動機能**や**保護機能**までを一つのモジュールに持たせたモジュールである。

図**8.4**にIPMの構造をIGBTモジュールとの比較で示す。ディスクリートチップのみを入れたものがIGBTモジュールであり，駆動回路や保護回路および制御回路まで組み込んだものがIPMである。通常，IPMには温度と電流に対する保護機能が組み込まれている。したがって，IPM用のIGBTチップでは，同一チップ上に温度センサや電流センサが作り込まれている。温度センサとしては，別にサーミスタを搭載する場合もある。

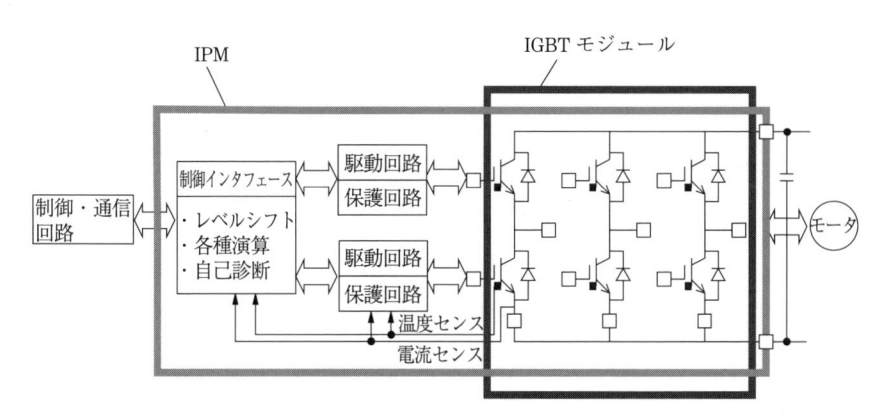

図 **8.4** IPMの構造

インバータにおいては，上側のIGBTと下側のIGBTを駆動するための信号を電気的に絶縁する必要がある。信号の電気的な絶縁には**フォトカプラ**[†1]が用いられる。しかしながら，フォトカプラの信頼性はあまり高くない。

現在，1200Vまでの絶縁耐圧を有する集積回路であるHVICが実現されている。比較的低容量の600〜1200VのDIP[†2](dual in-line package)-IPMは，フォトカプラを使わず，HVICを用いて，すべてシリコンチップで構成されて

[†1] 章末のコーヒーブレイクを参照。
[†2] ディップと読む。

いる．したがって，信頼性の高いIPMが実現できている．

　IPMは用途により，自動車用途のEV (electric vehicle)-IPM，大電力用途のHV-IPM，家電用などに用いられる比較的小容量のDIP-IPM，客先の要求に応えたカスタム製品であるAS (application specific)-IPM等に分類される．

　IGBTとFWDのみを組み込んだIGBTモジュールの場合は，システムメーカが独自に駆動回路や保護回路を設計して使用している．高い設計力を発揮できるメーカは，独自技術によりIGBTモジュールの能力を最大限に引き出すことを試みる．一方，IPMを使用するシステムメーカは，自ら駆動回路や保護回路を設計する必要はなく，比較的容易にインバータの設計が可能である．DIP-IPMは汎用製品として，家電用途を中心に市場投入されている．

8.2　パワーモジュールの構造

8.2.1　ケースタイプとトランスファーモールドタイプ

　図8.5～8.7に，スイッチングデバイスにIGBTを用いた場合のさまざまなパワーモジュールの構造を示す．大容量のIGBTモジュールには，数千ボルトの電圧に耐え，大電流が流せる図8.5の**ケースタイプ**が用いられる．図8.6は，ケースタイプのIPMの構造である．図8.7は，**トランスファーモールドタイプ**のIPMの構造である．ケースタイプでは，上下に銅板を有する絶縁基板上，トランスファーモールドタイプでは，絶縁シート上に銅板あるいは銅箔があり，その上にIGBTとFWDのチップが配置されている．

8.2.2　ケースタイプIGBTモジュールの構造

　図8.5は**ケースタイプIGBTモジュール**の構造である．ケースタイプのパワーモジュールでは，樹脂ケース中にパワーチップを搭載した絶縁基板を納め，直径300～400 μmのアルミニウムワイヤを複数本用いて配線を施す．電流は銅電極を介して外部に取り出す．そして，パワーチップの封じ込めにはゲルが用いられる．また，大電流を流すため発熱量が多く，銅の大きなヒートシ

8.2 パワーモジュールの構造　　107

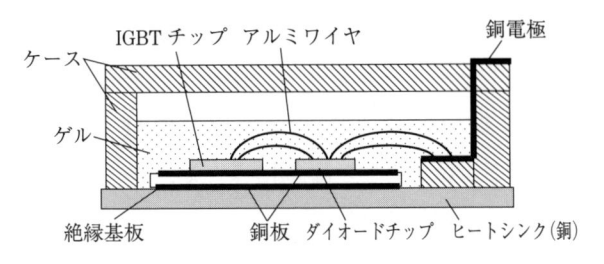

図 8.5 ケースタイプ IGBT モジュールの構造

ンクが付加される。

ケースタイプでは大電流を流すため，しばしば一つのスイッチを複数のチップを並列に接続して構成する。そのため，例えば電気鉄道用の IGBT モジュールは，数十センチメートル角の大きさとなる。

8.2.3　ケースタイプ IPM の構造

図 8.6 に示した**ケースタイプ IPM** では，IGBT モジュール部と制御基板を 2 階建てにした構造がとられる。1 階の IGBT モジュール部はゲルで封じ込め，2 階の制御基板には駆動機能および保護機能を持ったパッケージ IC が搭載され，樹脂封じ，またはふた止めする。

電流は，IGBT モジュールと同様，銅電極を介して外部に取り出す。加えて，外部からの信号入力用の制御端子を有する。

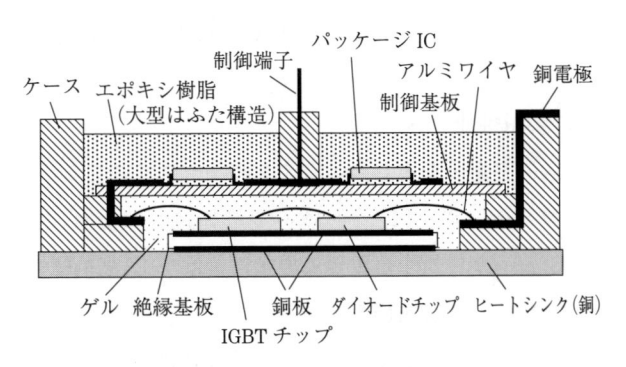

図 8.6 ケースタイプ IPM の構造

8.2.4 トランスファーモールドタイプIPMの構造

図8.7のトランスファーモールドタイプIPMは,家電用などの比較的低容量のIPMに用いられる。ディスクリートチップのIGBTおよびFWDとゲート駆動のためのHVICおよびその他の制御ICなどが,チップ状態で搭載され,モールド樹脂で封じ込められている。

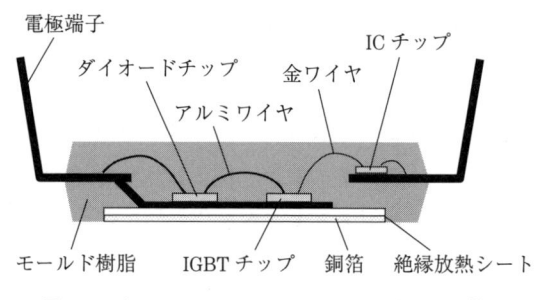

図8.7 トランスファーモールドタイプIPMの構造

ボンディングワイヤには,大電流を流す部分はアルミニウムワイヤ,信号伝達用には通常のMOS-LSIと同様,金ワイヤが用いられる。また,熱伝導性を有する絶縁放熱シートに銅箔を張り付け,外部から冷却できる構造になっている。加えて,パワーデバイス用のモールド樹脂には熱伝導性を上げるため,低熱抵抗化のためのフィラーが含まれている。

8.3 パワーモジュールへの要求性能

8.3.1 主要な要求性能

パワーデバイスは高耐圧を有し,大電流を流すデバイスであるため,チップ構造および製造プロセス以上に,パッケージの構造がMOS-LSIとは大きく異なる。パワーモジュールに対する重要な要求性能は,① **高絶縁性**,② **大電流通電能力**,③ **放熱性**,④ **高信頼性**である。

以前は,設計者の経験と勘が頼りであり,試行錯誤しながらパッケージを設計していた。最近では,シミュレーションの精度が向上し,シミュレーション

を駆使したパッケージ設計が行われるようになり，開発期間が短縮できるようになった．パワーモジュールに必要な解析ツールは，電磁界解析，熱解析および応力解析のためのシミュレーションツールである．

8.3.2 パワーモジュールの絶縁性

図8.8に，数千ボルトの耐圧を有するケースタイプにおける絶縁性の向上として重要な要因を示す．ケース外部で重要なのは，空間距離と沿面距離である．直線距離（①）を離すとともに，凹凸を設けて，沿面距離（②）を離す構造をとる場合もある．

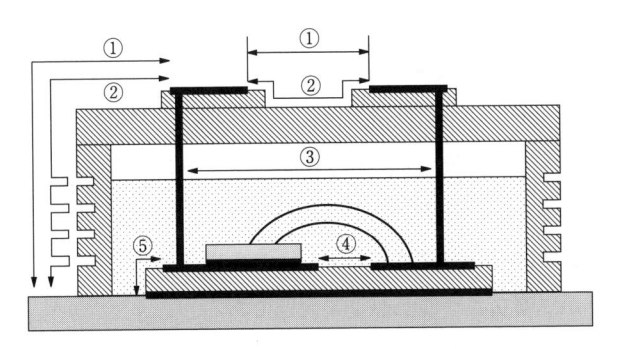

図8.8 パワーモジュールの絶縁性向上

ケース内部では，空気中とゲル中の部分がある．ゲルの絶縁効果と端子間距離（③），絶縁基板上の銅板間距離（④），銅板とヒートシンク間の距離（⑤）などの空間距離を適切に設定することが重要である．

8.3.3 大電流通電への対応

パワーデバイスでは大きな過渡電流をハンドリングするため，寄生インダクタンスや寄生容量の低減が重要である．チップの配置およびチップ下の銅配線およびボンディングワイヤの位置および長さなどの最適化が必要である．

特に，寄生インダクタンスが問題となるのは，スイッチング動作時に過渡電

流が流れるときである。過渡電流による磁場が打ち消し合うように電極を配置するなどの工夫がなされる。

8.3.4 パワーモジュールの放熱性

パワーデバイスは大電流を流すため，大きな発熱を伴うデバイスである。通常，高温使用限界はチップ表面とボンディングワイヤの接合部の温度（**接合温度** T_j）で規定される。動作中のデバイス温度を T_j 以下に保つため，さまざまな放熱構造がとられている。T_j は現状 150℃ が一般的であるが，冷却機構簡略化のため，システム側からの高温化の要求が強い。

図 8.9 にパワーモジュール内の各部の熱抵抗の模式図を示す。**周囲温度**（T_a），**フィン温度**（T_f），**ケース温度**（T_c）を考え，各部間の熱抵抗により T_j が決まる。パワーチップの熱抵抗，はんだの熱抵抗，絶縁基板の熱抵抗，ベース板の熱抵抗すべてを低減する必要がある。フィンによる空冷，水冷などの外部からの強制冷却も行われる。

電気絶縁と放熱は，ともにパワーデバイスの重要要素であるが，相反する性能であり，いかに両立させるかが重要課題である。

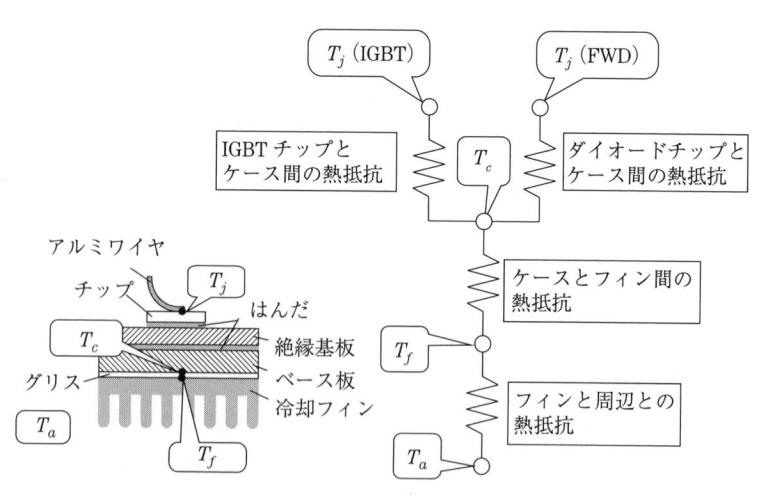

図 8.9 パワーモジュール内の熱抵抗

8.3.5 パワーモジュールの信頼性

半導体デバイスにおける故障発生は，一般に図8.10のような**バスタブ型**の曲線[†1]になる。**初期故障**は，プロセス中の欠陥などの影響が初期に現れたものである。この不良を取り除くための**スクリーニング**[†2]が行われる場合がある。

偶発故障は，長時間にわたる故障率の安定した期間にランダムに現れる。高信頼性の観点からは，偶発故障をいかに少なくするかが重要である。**摩耗故障**は，デバイスの寿命による故障である。半導体デバイスでは，10年以上の寿命が要求される。

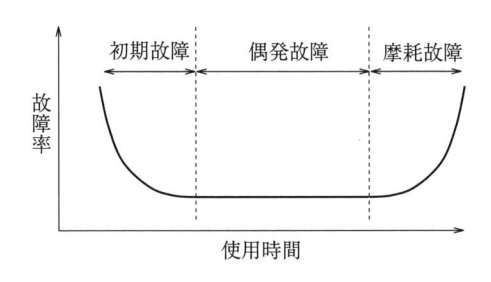

図8.10 半導体デバイスの信頼性

通常，故障率の単位には "FIT[†3] (failure unit) = 10^{-9}/時間" が用いられる。通常，偶発故障で10～100 FITが要求されるが，自動車用途などの人命にかかわるようなデバイスではさらに低い値が要求される。宇宙産業用途のように簡単に部品交換ができないような場合は，一段と高い信頼性が要求される。

パワーモジュールにおける信頼性に関しては，温度変化によるモジュール各部の膨張，収縮に対する信頼性向上が重要である。例えば，電気鉄道用のパワーデバイスは極寒の地でも使用され，-50℃程度の過酷な条件で使用される可能性がある。したがって，パワーデバイスは，用途によって-50～150℃ (T_j) の変化に耐える必要がある。できるだけ，熱膨張係数がシリコンに近い材料を用いてモジュール化することが望まれる。

[†1] バスタブカーブと呼ばれる。
[†2] 動作の加速により，初期不良を出し切る。
[†3] フィットと読む。

動作中の T_j の変化 $\mathit{\Delta T_j}$ が，信頼性試験における重要指標である．常時最低使用温度から最高使用温度の変化を受けるわけではないので，通常 ΔT_j が 100℃前後で 100〜1 000 cy（サイクル）の評価が行われている．当然，ΔT_j が大きいほど信頼性が高い．

特に大きなストレスがかかる部分は，チップとボンディングワイヤ接合部とチップ裏面のダイボンド部である．ストレスにより，クラックが発生する場合がある．これは，パワーデバイスの主要な不具合の一つであり，詳細な評価のもとに製品化されている．

コーヒーブレイク

フォトカプラ

　入力信号と出力信号を電気的に絶縁可能にするデバイスが**フォトカプラ**である．フォトカプラは入力電気信号を光に変換し，その光を受光デバイスで出力電気信号に変換する．

　図にフォトカプラの内部回路を示す．一般的に発光デバイスには発光ダイオード，受光デバイスにはフォトトランジスタを用いたものが多い．フォトトランジスタとは，ベース端子がなく，入射光により発生したキャリヤをベース電流としたバイポーラトランジスタである．受光デバイスにフォトダイオードを用いたものもある．

　フォトカプラでは，発光ダイオードからの光はパッケージにより遮断されている．発光素子と受光素子を露出させたものは，フォトインタラプタと呼ばれ，自動販売機の硬貨通過検出などに用いられる．

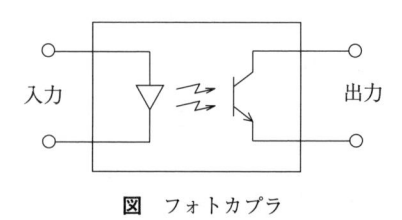

図　フォトカプラ

⑨ パワーデバイス用シリコンウェーハ

　本章では，パワーデバイス用シリコンウェーハの製造方法について解説する。パワーデバイスには，広くシリコン集積回路で使用されている CZ 法によって育成[†1]した結晶は使用できず，FZ 法あるいはエピタキシャル成長による結晶が使用される。その理由を述べるとともに，パワーチップ製造における FZ シリコンウェーハとエピタキシャルウェーハの使い分けについても解説する。

9.1 CZ シリコンウェーハ

9.1.1 CZ 法によるシリコン単結晶育成

　パワーデバイス，MOS-LSI ともに，出発材料（スターティングマテリアル）として**単結晶シリコンウェーハ**を用いて製造されるが，使用されるシリコンウェーハの製造方法はまったく異なる。MOS-LSI 用ウェーハの製造には一般に **CZ**（Czochralski）**法**が用いられる。

　図9.1 に，CZ 法によるシリコン単結晶育成法を模式的に示す。CZ 法では原料となる 99.999 999 999 ％（イレブンナイン）程度の**高純度多結晶シリコン**[†2]を破砕したものとドーパント不純物を石英るつぼに入れ，1 500℃ 程度に加熱して液体とする。その**シリコン融液**から**種結晶**を用いた引き上げにより，単結晶シリコンを製造している。

　種結晶は通常，3〜5 mm 程度であるが，高温のシリコン融液に浸けた瞬間に，熱衝撃により多量の結晶欠陥（転位）が導入される。この転位は，種結晶

[†1] 単結晶の製造も結晶成長であるが，結晶育成と呼ばれる。
[†2] 珪石（SiO_2）を炭素で還元し，塩化水素と反応させてトリクロロシラン（$SiHCl_3$）を製造する。蒸留精製して純度を高めたあと，化学気相成長法で多結晶シリコンを製造する。

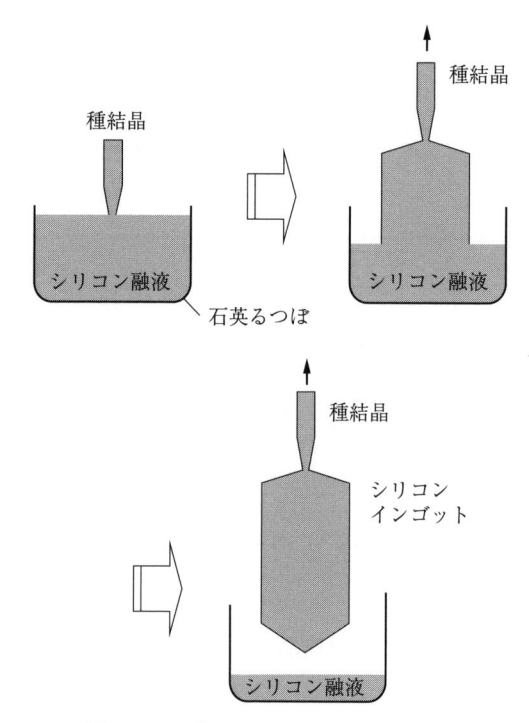

図9.1 CZ法によるシリコン単結晶育成

の径を1mm程度絞ることにより，結晶外に追い出すことが可能である。種結晶はシリコンの単結晶化の手本となり，同じ結晶構造を有する所望の径の円柱状の単結晶**インゴット**が育成される。

単結晶育成途中で何らかの原因により転位が発生する場合がある。その場合は，育成した単結晶を再度溶かして（リメルト），結晶育成をやり直すなどの処置がとられる。

CZ法では，るつぼからシリコン融液中に**酸素**が溶け出るため，育成したインゴット中にも酸素が取り込まれる。シリコン中の酸素は結晶強度を向上させる働きがある。一方，シリコン中の酸素は，特定の温度のアニールにより，ドナーとなり（酸素ドナーと呼ばれる）抵抗率を変化させるので，注意が必要である。

9.1.2 CZ 法における偏析現象

CZ 法では，液体のシリコンから固体のシリコンを製造する際の**偏析現象**により，固体のシリコンに取り込まれるドーパント不純物の量が変化してしまう。偏析現象とは，液体から固体になるときに，固体中の不純物量のほうが液体中より少なくなる現象である。そのため，結晶育成が進むにつれ，シリコン融液の不純物濃度が濃くなっていく。結果として，CZ 法で育成したシリコン単結晶ではインゴット下部ほどドーパント濃度が高く，抵抗率が小さくなる。偏析現象は自然現象であるため，回避することは難しい。

MOS-LSI では，デバイス特性はウェーハ表面へのイオン注入条件でほぼ決まる[†]。そのため，ウェーハそのものの抵抗率はデバイス特性へは大きな影響を与えない。したがって，製造コストの低い CZ 法で育成した結晶が用いられている。一方，パワーデバイスでは，図 6.1 と図 7.11 に示したように，n$^-$層の抵抗率がデバイスの最重要特性であるオン抵抗と耐圧の両方を決定する。このため，CZ 法で製造したシリコンを用いてパワーデバイスを製造すると，結晶の部位で特性が異なるという不具合が発生してしまう。したがって，パワーデバイス用には，通常の CZ 法で育成した結晶は用いることができない。

シリコン結晶の場合，偏析は p 型より n 型のほうが激しい。**表 9.1** に，シリコン単結晶育成時の p 型および n 型不純物の**平衡偏析係数**（液相の濃度と固相の濃度の比）と**蒸発速度**を示す。n 型不純物のほうが，不純物の偏析が激しくかつ不純物が蒸発しやすく制御が難しい。そのため，通常 MOS-LSI には製造の容易な p 型シリコン結晶が用いられる。例外的に，CCD には n 型結晶が用いられてきた。

表 9.1　シリコン単結晶の不純物偏析と蒸発

導電型	p 型	\multicolumn{3}{c}{n 型}		
不純物	ボロン(B)	リン(P)	ヒ素(As)	アンチモン(Sb)
平衡偏析係数	0.8	0.35	0.3	0.023
蒸発速度〔cm/s〕	8.0×10^{-6}	1.6×10^{-4}	4.7×10^{-4}	1.3×10^{-1}

[†] 10.1 節参照。

9.1.3 ウェーハ加工プロセス

一般的に，シリコンデバイスは円板状に加工されたシリコンウェーハを用いて製造される。そのため，育成されたシリコンインゴットをウェーハ形状に加工する。**表9.2**に一連のウェーハ加工プロセスを示す。

表9.2 シリコンウェーハの加工プロセス

加工工程	工程概要	模式図
結晶切断 外形研削 方位加工	・直胴部以外を除去 ・直径の合わせのみ ・ノッチ，オリフラ加工 ・ブロックに切断	ノッチまたはオリフラ
ウェーハ切断 （スライシング）	・ウェーハ状に切断 　≦150mm：内周刃 　≧200mm：マルチワイヤソー	ブロック／ワイヤ
面取り （ベベリング）	・面取り加工	ウェーハ
機械的研磨 （ラッピング）	・機械的な平坦加工 ・ウェーハはフリーの状態 ・数十枚のバッチ処理	ウェーハ／スラリー
エッチング	・機械的なダメージの除去 ・酸またはアルカリ溶液中での処理	ウェーハ／エッチング液
鏡面加工 （ポリッシング）	・化学的機械的研磨 ・ウェーハはセラミック板あるいはガラス板などに固定 ・2～3段の処理	ウェーハ／スラリー
検査 梱包	・平坦度，抵抗率，異物などの検査 ・クリーンな環境での梱包 ・窒素封じ	検出器／ケース／ウェーハ／検査／梱包

最初に上下の円錐形状部分を除去し，外形研削により直径を合わせ，ウェーハ面内の結晶方位を示すための方位加工を施す．その後，扱いやすいブロックに切断する．ブロック加工後，ウェーハ状に**スライス**する．内側にダイヤモンド粒を固着させた内周刃によるスライシングは，150 mm 以下の直径のウェーハに適用されている．200 mm 以上の直径のウェーハは，マルチワイヤソーでスライスされている．

面取り加工後，**ラッピング**と呼ばれる機械的な平坦加工を施す．ウェーハは，この時点で最も平坦な状態になる．その後，酸またはアルカリ溶液にて機械的ダメージ除去を行う．直径 200 mm 以下のウェーハでは，このエッチング面が出荷時の裏面の状態である．酸とアルカリでは面状態が異なるので，注意が必要である．直径 300 mm のウェーハでは，両面鏡面処理が標準仕様である．

最終的なウェーハ表面は，鏡面（ミラー面）仕上げである．鏡面状態は，化学的機械的研磨である **CMP**（<u>c</u>hemical <u>m</u>echanical <u>p</u>olishing）で実現される．鏡面加工は**ポリッシング**と呼ばれることが多い．ウェーハ表面の CMP は，通常 2 段階ないし 3 段階で実施され，後段の CMP ほど化学的研磨の割合が高い．この状態が出荷時の表面状態であり，デバイス製造プロセスの写真製版の善し悪しに直結するため，最も重要なプロセスである．

最後に，表面異物（パーティクル），平坦度（フラットネス），および抵抗率などの検査[†]を行い，クリーンな環境で梱包されて出荷される．

9.2 FZ シリコンウェーハ

9.2.1 FZ 法によるシリコン単結晶育成

CZ 法における偏析現象を回避するため，パワーデバイス用のシリコン結晶としては **FZ 法**で製造した結晶が用いられている．**図 9.2** に FZ 法によるシリコン単結晶育成法の模式図を示す．原料は CZ 法と同じ高純度多結晶シリコンであるが，円柱状のまま使用する．加熱は高周波誘導加熱で行い，原料多結晶

[†] 最終検査は非接触で行う必要がある．

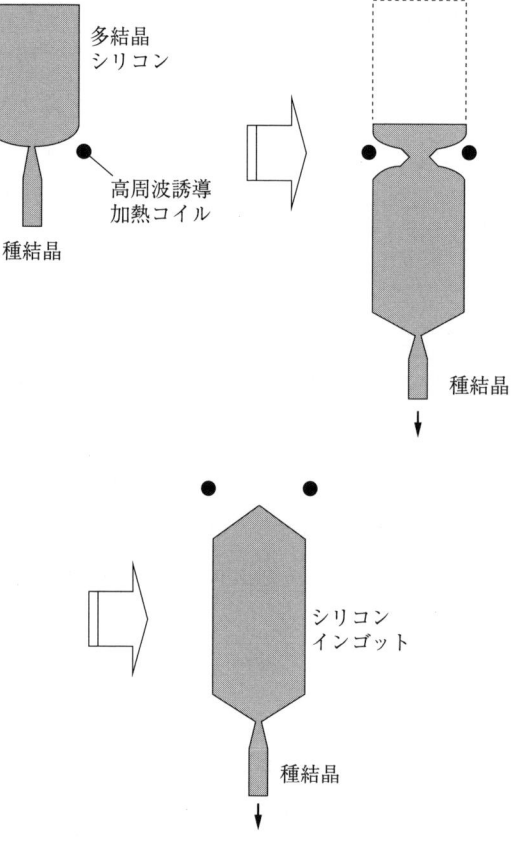

図 9.2 FZ 法によるシリコン単結晶育成

シリコンの先端部のみ融液化させる。

　単結晶化には，CZ 法と同様，単結晶の種結晶を用いる。種結晶をシリコン融液表面に浸けたのち，CZ 法と同様，無転位化後に結晶育成する。FZ 法は CZ 法とは逆に，引き下げで結晶育成する。FZ 法では石英るつぼを用いないため，低酸素濃度のシリコン結晶が育成できる。

9.2.2 FZ 法におけるドーパント不純物制御

　図 9.3 に FZ 法におけるドーパント不純物の制御方法を示す。図 9.3（a）

9.2 FZシリコンウェーハ

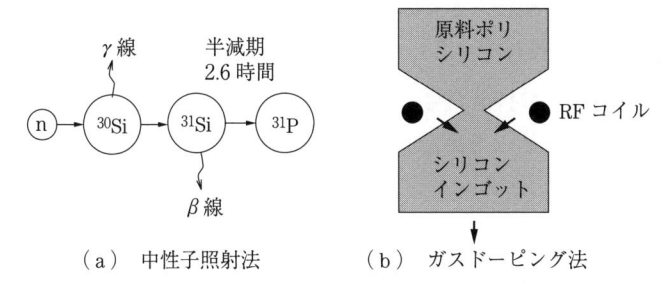

```
           γ線        半減期
            ↑        2.6時間
  (n)→(30Si)→(31Si)→(31P)
                ↓
               β線

    (a) 中性子照射法        (b) ガスドーピング法
```

図 9.3 FZ法におけるドーパント濃度制御

は，**中性子照射法**による不純物制御である．地球上のシリコンは，3%程度の質量数30の^{30}Siを含む[†]．^{30}Siに中性子を照射すると，γ崩壊して^{31}Siに変化する．^{31}Siはβ崩壊して半減期2.6時間で^{31}Pに変化する．こうして，中性子照射量によりn型シリコンの不純物制御が可能である．ただし，中性子照射ではp型ドーピングはできない．

中性子の照射には原子炉が必要である．核反応で生成される中性子を照射可能な原子炉が世界に何炉か存在する．中性子照射炉には**重水炉**と**軽水炉**がある．軽水炉で照射される中性子は，重水炉における中性子と比較してエネルギーの大きい高速中性子が多い．通常，中性子照射後には照射欠陥回復のための熱処理を必要とするが，軽水炉で中性子照射したウェーハには重水炉で照射したウェーハより高温の熱処理が必要である．

図9.3 (b) は，**ガスドープ法**による不純物制御である．シリコン融液部に直接ドーパントガスを吹き付ける手法である．ガスドープでは，フォスフィン（PH_3）やジボラン（B_2H_6）を用いることにより，n型，p型の両方のドーピングが可能である．

これらの手法では，偏析現象はともなわずドーパント濃度の制御性は良好である．そのため，パワーデバイス用には，FZ法により育成したシリコンが広く用いられている．ドーパント濃度のウェーハ面内均一性に関しては，中性子照射のほうが，ガスドープより良好である．ただし，中性子照射は原子炉設備

[†] 存在割合は地球上どこでも一定である．この割合は，半減期と地球の年齢で決まる．

でしかできないため処理できる機関が少ない。そのため，デリバリが悪く供給体制が安定していない。

一方でガスドープの技術開発が進み，不純物濃度のウェーハ面内均一性が向上している。そのため，今後は FZ 結晶のガスドープ品への置き換えが進むと考えられる。

9.2.3 FZ ウェーハの直径

図 9.4 に，CZ 結晶と FZ 結晶のウェーハの直径拡大の歴史を示す。CZ 結晶は，MOS-LSI の低コスト化の要求から，順次大直径化が実施されてきた。現在，CZ ウェーハは直径 300 mm ウェーハが主流であり，450 mm 化の技術開発が行われている。

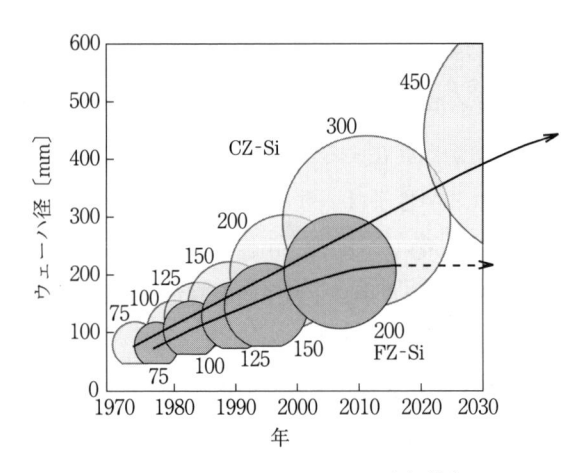

図 9.4　シリコンウェーハの直径拡大

一方，FZ 結晶の製造は技術的に難しく，やっと 200 mm ウェーハが製造可能になったところであり，125〜150 mm ウェーハが多く製造されている。FZ ウェーハの 300 mm 化は非常に障壁の高い技術開発であり，当面は 200 mm ウェーハが最先端ウェーハである。

9.2.4 拡散ウェーハ

パワーデバイス用チップには，裏面の不純物構造が必須である[†]。そのため，パワーチップ用のFZウェーハには，裏面不純物構造の形成をウェーハ状態で行っているウェーハがある。このようなウェーハは**拡散ウェーハ**の名称で市販されている。ただし，この拡散工程には，1300℃程度の温度で数日を要する。現在,拡散ウェーハは,直径150 mmのウェーハまでしか製造されていない。

図9.5に，拡散ウェーハの製造プロセスを示す。最初に，拡散源となる不純物を含んだ膜をウェーハ表面に堆積する。図はn型不純物となるリンを含

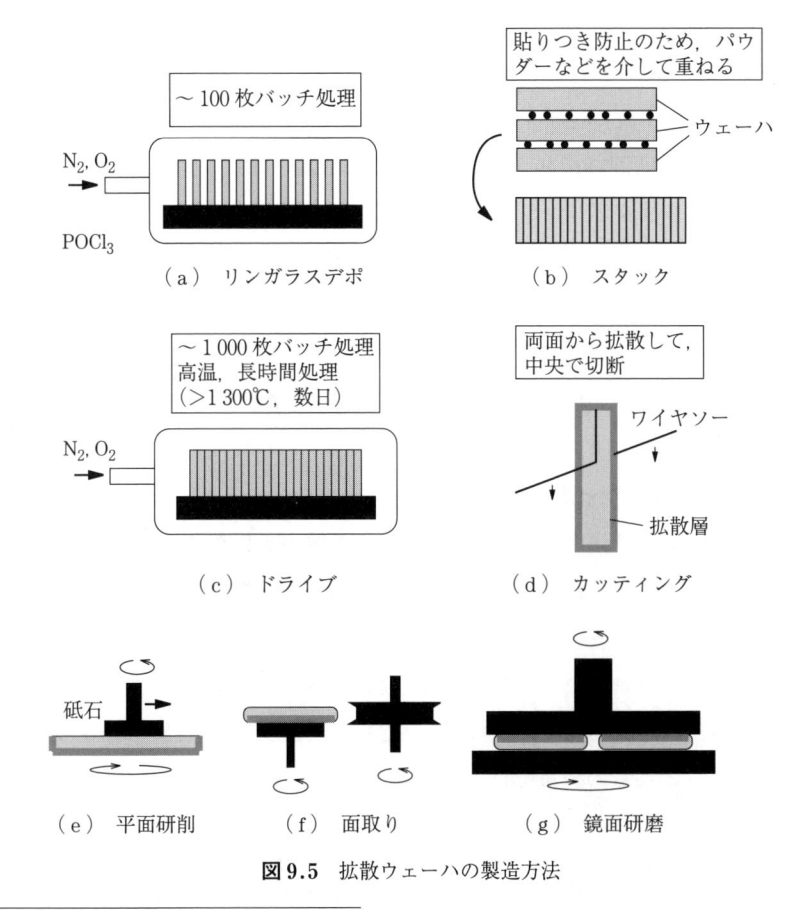

(a) リンガラスデポ

(b) スタック

(c) ドライブ

(d) カッティング

(e) 平面研削　　(f) 面取り　　(g) 鏡面研磨

図9.5 拡散ウェーハの製造方法

[†] 7.2.1項参照。

んだリンガラスをデポする例である。p型不純物を拡散させる場合は，ボロンガラスを堆積する（図9.5（a））。

その後，不純物を数百マイクロメートル拡散させるため，1300℃以上で数日間の熱処理を行う。拡散工程では炉を長時間占有するため，シリコンウェーハをスタックして1000枚程度のバッチ処理を行う[†1]（図9.5（c））。シリコンウェーハのスタックにおいては，拡散後のウェーハ分離のため，熱処理に影響を与えないようなパウダーを挟むなどの処置を行っている（図9.5（b））。

拡散層はウェーハの両面に形成される。この拡散層は製品ウェーハの裏面である。したがって，ウェーハ表面となる基板シリコンを露出させる必要がある。数百マイクロメートルの拡散層を研削する場合と，あらかじめ厚いウェーハに拡散を行い中央で切断する場合がある（図9.5（d））。

その後，平面研削（図9.5（e）），面取り加工を施し（図9.5（f）），最終的にウェーハ表面をポリッシングで鏡面加工する（図9.5（g））。こうして，裏面に数百マイクロメートルの非常に厚い拡散層を有する拡散ウェーハが製造される。

9.3　エピタキシャル成長[†2]

9.3.1　エピタキシャル成長装置

パワーデバイス用シリコン結晶のもう一つの解が**エピタキシャル成長**による結晶である。エピタキシャル成長ではドーパント不純物は連続したガス供給により行っており，ドーパント濃度の制御性は良好である。

図9.6に各種のエピタキシャル成長装置を示す。図9.6（a）の**ベルジャー炉**および図9.6（b）の**シリンダ炉**は，125～150 mmの小直径ウェーハに対し用いられる。これらの装置では，20枚程度のウェーハの装填が可能であり，

[†1] シリコンデバイスの製造ラインには，通常ひと月に10k枚以上のウェーハが投入される。そのためのウェーハを供給するには，この程度のバッチ処理が必要となる。

[†2] エピタキシャルの語源は，"配置された"を意味するギリシャ語である。

9.3 エピタキシャル成長　　123

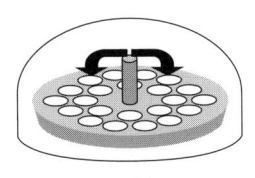

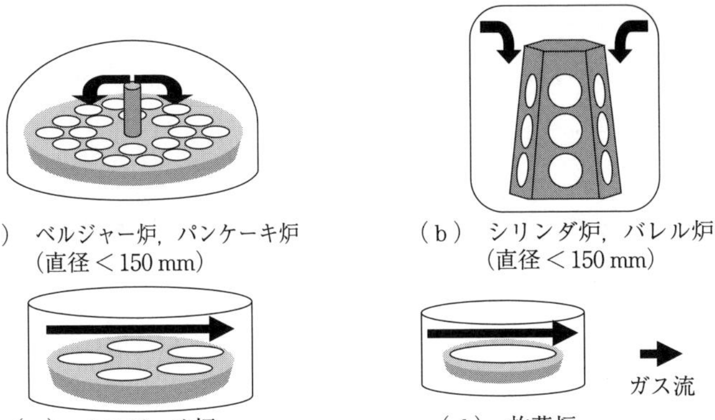

(a) ベルジャー炉, パンケーキ炉
(直径＜150 mm)

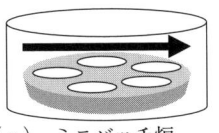

(b) シリンダ炉, バレル炉
(直径＜150 mm)

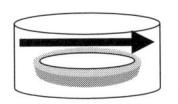

(c) ミニバッチ炉
(直径 150～200 mm)

(d) 枚葉炉
(直径 150～300 mm)

ガス流

図 9.6　シリコンエピタキシャル成長装置

スループットが高い。

図 9.6（c）の**ミニバッチ炉**および図 9.6（d）の**枚葉炉**は 150～200 mm（および 300 mm）の大直径ウェーハに対し用いられる。これらの装置は，スループットは劣るが，エピタキシャル層の抵抗率および厚さの均一性や，不純物含有量などのウェーハ品質は非常に良好である。

9.3.2　エピタキシャル成長の限界と課題

　エピタキシャル成長でパワーデバイス用基板を製造する場合，数十～数百マイクロメートルの厚さのエピタキシャル層を形成する必要がある。ただし，エピタキシャル成長は，現状 150 μm の厚さが成長の限界である。エピタキシャル成長の律速要因は，ウェーハのサセプタ（ウェーハを載せる部分）への貼りつきとウェーハの反りである。

　エピタキシャル成長は，ガスの回り込みのため，ウェーハの裏面でもある程度は起こる。そのため，厚いエピタキシャル層を形成すると，ウェーハがサセプタに貼りつくという不具合が発生する。すると，ウェーハが脱着できなかったり，無理に脱着しようとするとウェーハが割れることがある。

　パワーデバイス用エピタキシャルウェーハは，高不純物濃度の低抵抗基板上

に厚いn⁻エピタキシャル層を形成した構造である。**図9.7**に示したように，原子の結合半径は原子ごとに異なる。そのため，シリコン結晶の格子定数は，不純物種とその濃度により変化する。

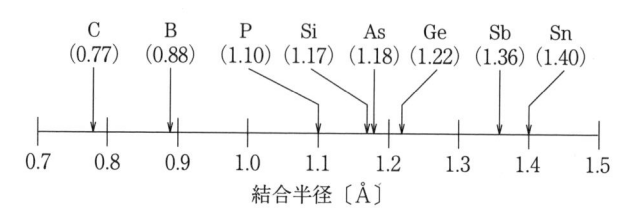

```
   C     B      P    Si   As   Ge    Sb    Sn
 (0.77)(0.88)(1.10)(1.17)(1.18)(1.22)(1.36)(1.40)
   ↓    ↓     ↓    ↓ ↓   ↓     ↓     ↓
├────┼────┼────┼────┼────┼────┼────┼────┤
0.7  0.8  0.9  1.0  1.1  1.2  1.3  1.4  1.5
                 結合半径〔Å〕
```

図9.7 各種原子の結合半径

表9.3に各種ウェーハの反りの状態をまとめて示す。エピタキシャルウェーハの高不純物濃度基板が，結合半径の小さいリンやボロンを多量に含む場合は，基板の格子定数がエピタキシャル層の格子定数より小さくなる。この場合，基板が縮む方向であり，表面側に凸の形状となる。逆に，結合半径の大きいヒ素やアンチモンを多量に含む場合は裏面側に凸の形状となる。なお，表には酸化膜を形成した場合とシリコンとシリコンの間に酸化膜を形成したウェーハ（SOI：silicon on insulator ウェーハと呼ばれる）の反りも示してある。

パワーデバイス用ウェーハには，数十～百マイクロメートルのエピタキシャル層を形成する。エピタキシャル成長の成長速度は結晶面方位により異なる。

表9.3 結晶格子の不整合によるウェーハの反り

ウェーハ構造	ウェーハ形状
p/p⁺エピタキシャルウェーハ(B) n/n⁺エピタキシャルウェーハ(P)	エピタキシャル層 シリコン基板
n/n⁺エピタキシャルウェーハ （As, Sb）	エピタキシャル層 シリコン基板
裏面酸化膜付きウェーハ	シリコン基板 SiO₂
SOIウェーハ	シリコン層 SiO₂（埋込み酸化膜） シリコン基板

ウェーハ表面は均一な結晶面方位を有しているので，一定の成長速度でエピタキシャル成長が進む．一方，ウェーハ側面はさまざまな結晶面方位が出現するため，厚いエピタキシャル層を形成すると，ウェーハの形状が変化するという問題が発生する．

図9.8に示すように，ウェーハ端面では異常なエピタキシャル成長が起こり，もとのウェーハ形状とは異なる形状になってしまう．ウェーハ端面部において，局所的にエピタキシャル成長面より盛り上がった部分は**クラウン**と呼ばれる．クラウンはエピタキシャル層厚が厚いほど高くなり，写真製版プロセスに悪影響を与える．クラウンは図示した面取り長に依存し，一般に面取り長が長いほど低減される．ただし，面取り長が長いとウェーハの有効面積が小さくなる．

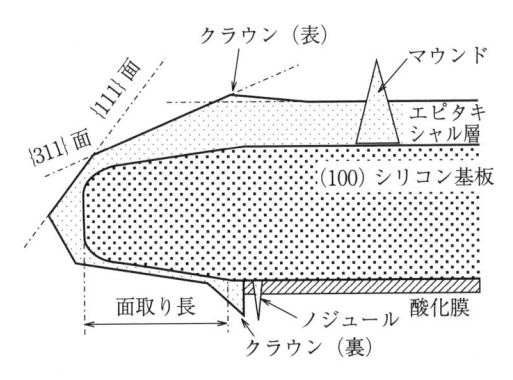

図9.8 エピタキシャルウェーハにおける局所的なフラットネス劣化要因

エピタキシャルウェーハの基板には，通常，低抵抗化のため，p型あるいはn型の高不純物濃度基板が用いられる．エピタキシャル成長は1000℃以上の高温で行われるため，基板の高濃度の不純物が雰囲気中に外方拡散してエピタキシャル層に取り込まれ，特にウェーハ周辺のエピタキシャル層の抵抗率が下がるという問題が発生する．そのため，通常ウェーハ裏面には，このオートドープ防止のため酸化膜を形成する．エピタキシャル成長用のガスは裏面にも回り込むため，ウェーハ裏面でもある程度の結晶成長が起こる．裏面では，酸化膜端で成長レートが大きくなり（酸化膜上では結晶成長が起こらないため），

裏面クラウンが発生する。

また，オートドープ防止の酸化膜に欠損があると，局所的な結晶成長が起こる。この異常成長部は**ノジュール**と呼ばれる。裏面クラウンやノジュールが発生した場合，写真製版装置でウェーハを吸着すると，異常成長部の表面側が盛り上がることによりフラットネスが劣化し，やはり写真製版プロセスでの不具合が発生する。

ウェーハ表面においても異常成長が起こる場合がある。結晶欠陥や異物などを起点とした積層欠陥であり，**マウンド**と呼ばれる。マウンドはエピタキシャル層厚さと同程度に成長する場合がある。

クラウン，ノジュール，マウンドの影響は MOS-LSI でも問題となるが，エピタキシャル層厚が厚いパワーデバイスでより顕著である。

9.4 パワーデバイス用ウェーハの選定

9.4.1 これまでのパワーデバイス用ウェーハの選定

半導体デバイスを製造するためには，ウェーハの厚さは最低でも 250 μm 程度は必要である。エピタキシャルウェーハでは，耐圧保持層の厚さは 150 μm が限界である。そのため，現状でも 2 000 V 以上の耐圧のデバイスには FZ ウェーハを用いた拡散ウェーハが使用されている。

一方，これまでは，1 500 V 以下の耐圧のパワーチップ用としては，エピタキシャルウェーハが主流であった。

9.4.2 最近のパワーデバイス用ウェーハの選定

近年，**薄ウェーハプロセス**[†1] が実用化され，状況が変わってきた。**図 9.9** に，耐圧ごとの最近のパワーデバイス用ウェーハの適用傾向を示す。図中に示した矢印は，FZ ウェーハを使用した場合[†2] とエピタキシャルウェーハを適用

[†1] 10.3 節参照。
[†2] 拡散ウェーハを用いる場合と，FZ ウェーハを用いて薄ウェーハプロセスを適用する場合がある。

9.4 パワーデバイス用ウェーハの選定

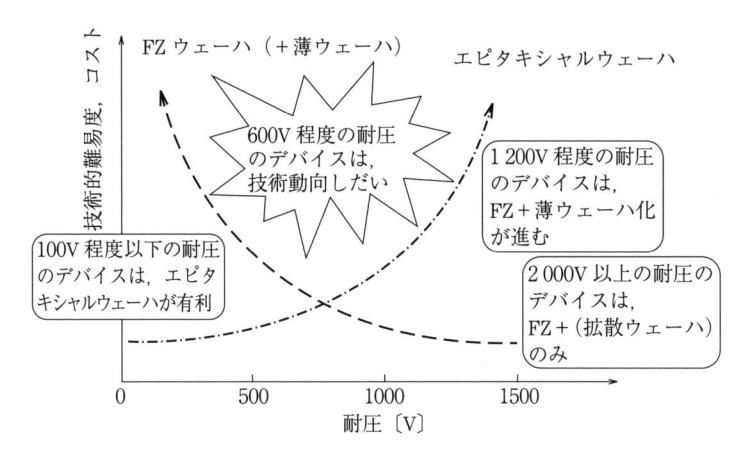

図9.9 現状のパワーデバイス用ウェーハの選定

(図中テキスト)
- 技術的難易度，コスト
- FZウェーハ（＋薄ウェーハ）
- エピタキシャルウェーハ
- 600V程度の耐圧のデバイスは，技術動向しだい
- 1 200V程度の耐圧のデバイスは，FZ＋薄ウェーハ化が進む
- 100V程度以下の耐圧のデバイスは，エピタキシャルウェーハが有利
- 2 000V以上の耐圧のデバイスは，FZ＋（拡散ウェーハ）のみ
- 耐圧〔V〕

した場合の技術的な難易度を示している。技術的な難易度はウェーハコストに直結する。

エピタキシャルウェーハはエピタキシャル層が厚いほど製造が難しく，コストがアップする。FZを用い薄ウェーハプロセスを適用することにより，チップ製造プロセスの最後で裏面の不純物構造が形成でき，コストの低いFZウェーハが使用できる。現在，100 μm以上のウェーハ厚に対する薄ウェーハプロセスは十分確立しており，1 200 Vクラスのパワーチップには FZウェーハが使用されるようになってきている。

一方，600 Vクラスのデバイスには，100 μm以上のエピタキシャル層を有するウェーハに比較すると，低コストの70 μm程度のエピタキシャル層を有するエピタキシャルウェーハが用いられる。このクラスのデバイスに薄ウェーハプロセスを適用した場合，厚さが70 μm程度のウェーハをハンドリングする必要があるが，その技術は十分確立しておらず，現状ではエピタキシャルウェーハのほうが優位である。ただし，今後このクラスの薄ウェーハプロセスが確立すると，FZウェーハに置き換わる可能性がある。

耐圧が100 VクラスのパワーMOSFETでは，コスト的にも品質的にもエピタキシャルウェーハが断然有利である。また，最近の低耐圧用パワー

MOSFETの基板には，基板の低抵抗化のため，アンチモン，ヒ素，さらには赤燐をドープした基板を用いたエピタキシャルウェーハが使用されている。

┌─ コーヒーブレイク ─────────────────────────┐

連続 CZ 法

　現在，シリコンデバイス用途に使用されている単結晶シリコン結晶の大部分は，CZ法で製造されている。CZ法においては，偏析現象による不純物濃度の変動があるが，MOS-LSIでは大きな問題にはならない。

　一方，パワーデバイスではこの不純物濃度変動が致命傷となるため，CZ結晶は使用できない。過去には，CZ法の偏析現象を解決できる**連続CZ**（CCZ：continuous CZ）**法**なる技術が開発されていた[†]。

　CCZ法では，図に示したような二重るつぼを用い，連続的に原料シリコンを供給する。これにより，偏析現象で濃度が濃くなるシリコン融液の濃度を一定に保つことが可能である。したがって，CCZ法であれば，パワーデバイス用のシリコン結晶を製造できる可能性がある。しかも，中性子照射を必要とせず，不純物濃度の面内分布は良好な製造法である。しかしながらCCZ法は現在では消えてしまった技術であり，現状では用いられていない。まことに残念なことである。

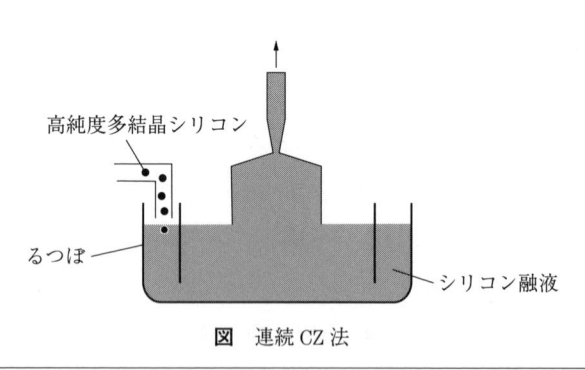

図　連続CZ法

[†] 偏析の大きいn型シリコン単結晶の育成法として開発された。

10 パワーチップ製造プロセス

本章でパワーチップ，11 章でパワーモジュールの製造プロセスについて解説する．半導体デバイス製造において，チップ製造工程を前工程あるいはウェーハプロセス，チップをパッケージに搭載する工程を後工程あるいはアセンブリ工程と呼ぶ．

本章で扱うパワーチップ製造工程に関しては，チップ構造とともに MOS-LSI との比較で説明する．また，MOS-LSI にはない裏面プロセスに関して詳細に説明する．

10.1 パワーチップと MOS-LSI の構造比較

10.1.1 全体構造の比較

半導体デバイスの代表として，600 V 耐圧の IGBT と多層配線構造の MOS-LSI に関して，それらの構造を比較して示す．図 10.1 は，それぞれエピタキシャルウェーハを用いたデバイスの断面構造である．

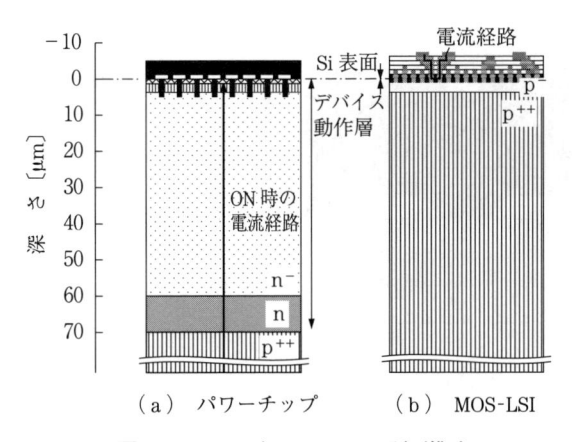

図 10.1 IGBT と MOS-LSI の断面構造

IGBTでは電流を縦方向に流すため，表面側にエミッタ層，裏面側にコレクタ層を形成している。表面側には，スイッチング信号入力のためのトレンチゲートを形成している。ゲートオン時には，エミッタから電子が，コレクタからホールが注入される。また，ここではパンチスルータイプのIGBTの構造を示しており，裏面側に逆バイアス印加時の空乏層の伸びを抑制するためのn層を形成している。この場合のn$^-$/n層は，高不純物濃度のp^{++}基板上にエピタキシャル成長で形成されている。

一方，MOS-LSIに対してのエピタキシャルウェーハとしては，ラッチアップ防止やゲッタリングのため，p$^-$/p^{++}構造のエピタキシャルウェーハが用いられるが，エピタキシャル層の厚さはせいぜい5μm程度である。そして，デバイスの構造が形成されるのは，表面近傍の数マイクロメートル程度の領域であり，チップ表面のみに電流を流すデバイスを形成している。個々のデバイス間は，上部の多層配線で接続されている。

10.1.2 最表面の構造比較

図10.2は，トレンチIGBTと多層配線MOS-LSIの表面近傍を拡大したものである。図10.2（a）は，トレンチゲートIGBTの構造であり，5μm程度の深さのトレンチ側面にチャネルが形成される。エミッタの低抵抗化とデバイス

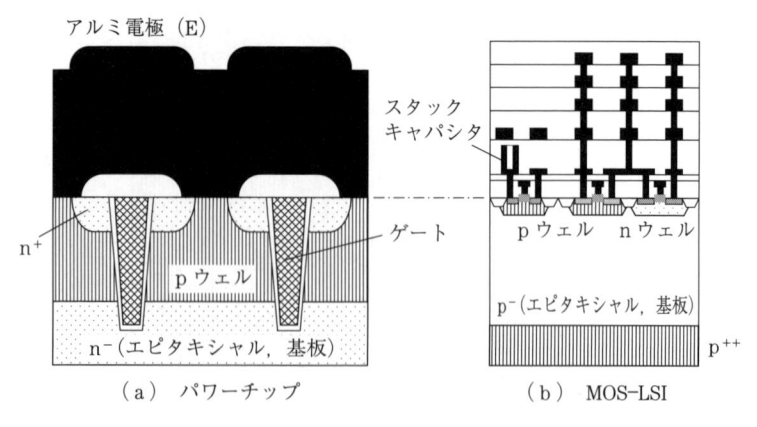

図10.2 IGBTとMOS-LSIの断面構造（最表面）

直上にボンディングを行うため，デバイス表面側には数マイクロメートルの厚いアルミニウムが形成されている。

MOS-LSI としては，0.2～0.3 μm 程度のゲート長の DRAM 混載ロジックを例とした[†]。メモリ部にはスタックキャパシタ，CMOS ロジック部には多層配線が施されている様子を示している。このデバイスは，微細化という意味では最先端デバイスを示したわけではないが，パワーデバイスと比べると微細化されており，また，非常に浅い接合でデバイスが形成されているのがわかる。

10.2　パワーチップ表面側プロセス

10.2.1　MOS-LSI 製造プロセスの概要

最初に MOS-LSI の製造方法を簡単に説明する。MOS-LSI は，シリコン表面に能動デバイスであるダイオードおよびトランジスタと，受動デバイスである抵抗およびコンデンサ，場合によってコイルを多数集積して製造される。それぞれのデバイスは，p 型および n 型領域と絶縁膜で形成され，金属材料で配線される。

図 10.3 に MOS-LSI の製造フローを示す。シリコンウェーハ表面に，不純物，絶縁膜，および金属配線のさまざまなパターンを形成するが，パターン形成はフォトレジストと呼ばれる高分子膜を用いた**写真製版**と呼ばれる工程で行われる。フォトレジストは光学的なパターン形成が可能であり，化学的耐性が強く，**加工時のマスク**や**イオン注入**におけるストッパーの役割を果たす。MOS-LSI の集積化にとって，この写真製版技術の向上により，いかに微細なパターンを形成するかが最重要課題である。

フォトレジストには，ポジ型とネガ型がある。ポジ型は微細パターンの形成に有利であり，現状 MOS-LSI にはすべてポジ型が用いられている。一方，ネガ型は微細化には不利であるが，ウエットプロセスに強く，小直径のパワーチップ製造プロセスに残っている。

[†] 最先端の IGBT と同一製造ラインで製造可能である。

132　10. パワーチップ製造プロセス

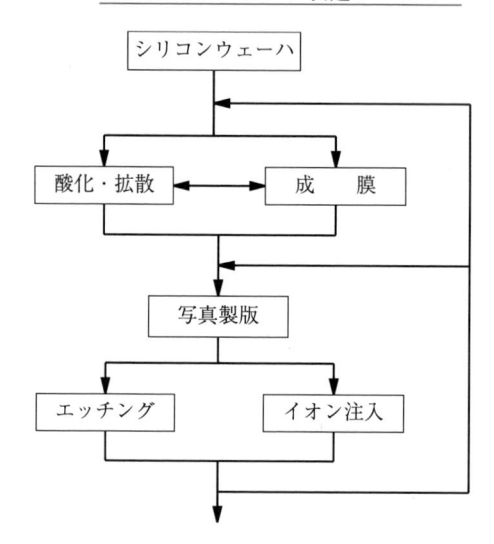

```
        シリコンウェーハ
              │
              ↓
    ┌── 酸化・拡散 ⇄ 成　　膜 ──┐
    │         │                      │
    │         ↓                      │
    │       写真製版                  │
    │         │                      │
    │    ┌────┴────┐                 │
    └── エッチング  イオン注入 ───────┘
              │
              ↓
```

　　　　　　　　　　　　　　　　　図 10.3　MOS-LSI の製造フロー

　写真製版によるパターニング後に，不純物のイオン注入や**エッチング**による形状加工が行われる。そのほかに，**熱酸化**によるシリコン酸化膜の形成，イオン注入不純物の熱処理による活性化および**拡散**，酸化膜そのほかの絶縁膜やポリシリコンおよび金属膜の**成膜**が行われる。これらの工程を数十回繰り返して，MOS-LSI の製造を行っている。

　また，図には示されていないが，各工程間で異物や不純物除去のための洗浄や仕上がりの検査が行われる。それらを含め，現状 MOS-LSI では，数百工程を経て製造される。

10.2.2　パワーチップ表面側プロセスフロー

　上述のように，パワーチップの構造は MOS-LSI とは大きく異なる。そのため，その製造プロセスも細部で異なってくる。ただし，生産量的に圧倒的に多い MOS-LSI のプロセスとできる限り互換性のあるプロセスにするのが，パワーチップのコスト削減に有利である。実際に，MOS-LSI で用いられるほとんどの装置が転用可能である。

　図 10.4 に，パンチスルー型 IGBT の製造プロセスフローを断面図で示す。

10.2　パワーチップ表面側プロセス

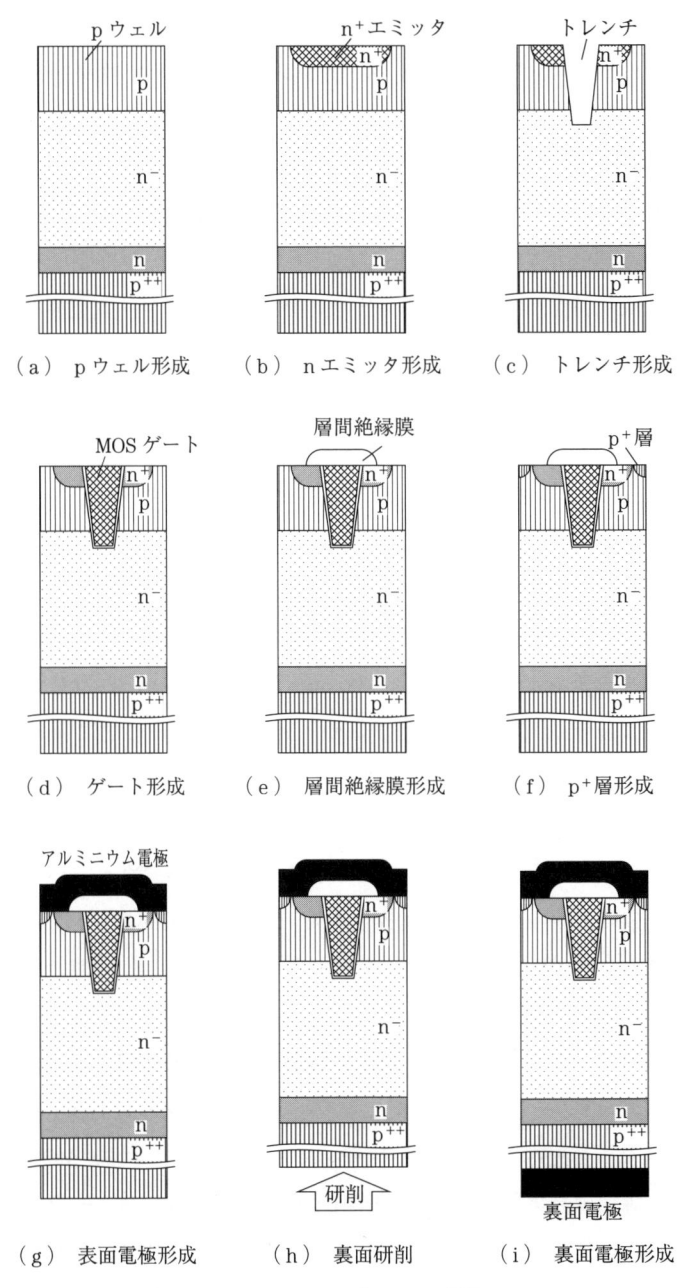

(a) pウェル形成
(b) nエミッタ形成
(c) トレンチ形成
(d) ゲート形成
(e) 層間絶縁膜形成
(f) p$^+$層形成
(g) 表面電極形成
(h) 裏面研削
(i) 裏面電極形成

図 10.4 パンチスルー型 IGBT の製造フロー

まず，n⁻/n/p⁺⁺エピタキシャルウェーハを用い，ボロン注入と熱処理によりpウェルを形成する（図 10.4（a））。トレンチデバイスでは深いpウェルを形成する必要があり，1150℃以上で数時間の熱処理を行う。その後，エミッタとなるn⁺層を形成する（図 10.4（b））。

次に，シリコンのドライエッチングでトレンチを形成する（図 10.4（c））。このとき，どの程度のテーパー角度でエッチングするかが重要である。その後，ゲート酸化膜を形成し，ポリシリコンを埋め込んでゲート電極を形成する（図 10.4（d））。

次に，層間絶縁膜を堆積，加工し（図 10.4（e）），pウェルに確実にコンタクトをとるためのp⁺層を形成する（図 10.4（f））。その後，n⁺エミッタおよびpウェルにコンタクトをとるアルミニウム電極を形成する（図 10.4（g））。このアルミニウム電極は，ボンディングの緩衝材の役割も兼ねているため，3～5 μmと厚く形成される。

150 mm以下の小直径ウェーハに対しては，厚いアルミニウムのエッチングはウェットエッチングで行われる。200 mm以上のウェーハに対しては，特注のウェットエッチング装置を使用するか，MOS-LSIで一般的に用いられるドライエッチングで行うかの選択がある。

通常，ウェーハはチップ製造プロセス中の強度を保つため，500 μm以上の厚さが必要である。ウェーハでの抵抗を小さくするため，ウェーハを裏面から研削して，200～300 μm程度に薄板化する（図 10.4（h））。その後，裏面電極を形成する（図 10.4（i））。

10.2.3　パワーチップとMOS-LSIの製造プロセスの比較

表 10.1に，パワーチップの代表としてパワーMOSFETおよびIGBTのチップ製造プロセスを先端MOS-LSIと比較して，工程ごとに示す。MOS-LSIにおける最大の課題は高集積化のための微細化である。一方，パワーチップの課題は高耐圧化と損失の低減である。そのため，使用するシリコンウェーハの結晶育成法および製造プロセスが大きく異なる。

10.2 パワーチップ表面側プロセス

表10.1 チップ製造プロセスの比較

	先端 MOS-LSI	パワー MOSFET/IGBT
シリコンウェーハ	・低欠陥 CZ ウェーハ ・アニールウェーハ ・薄膜エピタキシャルウェーハ	・厚膜エピタキシャルウェーハ ・FZ ウェーハ ・拡散ウェーハ(FZ＋拡散)
写真製版	・微細化対応露光技術	・両面アライメント
加工	・STI ・CMP	・トレンチゲート ・厚アルミのエッチング ・薄ウェーハ化＋ダメージ除去
酸化，拡散，イオン注入	・低温化 ・ゲート酸化膜薄膜化 ・浅い接合	・高温プロセス ・多層不純物層 ・裏面ドーパントの活性化
成膜	・新材料 ・めっき	・厚アルミ ・裏面電極
その他	・平坦化 ・多層配線	・ライフタイム制御 ・表面保護

出発材料であるシリコンウェーハは，MOS-LSI ではさまざまな低欠陥ウェーハであり，パワーチップでは抵抗率の安定した FZ または厚いエピタキシャル層を有するエピタキシャルウェーハである。

MOS-LSI にとって最も重要なのが，微細化の鍵を握る写真製版工程である。STI (shallow trench isolation) による素子分離構造や CMP (chemical mechanical polishing) による平坦化も微細化のための技術である。プロセス技術開発も精力的に行われている。

また，MOS-LSI では，デバイス性能向上のため，浅い接合形成やゲート酸化膜の薄膜化が進んでいる。そのため，プロセス温度は低温化している。さらに，強誘電体や磁性体の適用やシリサイド層形成のため，さまざまな新材料の適用が検討されている。

パワーチップのプロセスでは，MOS-LSI とは異なり，現在主流のデバイスが数マイクロメートルの深いトレンチを有するため，接合はむしろ深く形成する。今後さらに高温化していくことはないと考えられるが，ある程度の高温プロセスは必要である。また，ゲート酸化膜の厚さも厚い。さらに，大電流を流すため厚いアルミニウムの形成と加工が要求される。

MOS-LSIではアルミニウム配線の加工はドライエッチングで行われるが，異方性のエッチングが主である．パワーデバイスでは厚いアルミニウムの加工が要求されるが，異方性のエッチングではレートが小さすぎる．パワーデバイスにおけるアルミニウムのドライエッチングにおいては，等方性のドライエッチングが要求される（小直径ウェーハで用いられるウェットエッチングは等方性である）．

パワーチップ製造プロセスにおける特殊プロセスとして，ライフタイム制御と裏面プロセスがある．

10.2.4 ライフタイム制御

パワーデバイス特有の**ライフタイム制御**は，シリコン基板中に再結合中心を導入することにより行う．表10.2に，ライフタイムの制御方法を示した．古いプロセスでは，金や白金を基板中に拡散することにより実施していたが，金属の除去に王水を用いる必要があり，適用製品は減ってきている．

表10.2 ライフタイム制御

制御技術	特徴
金，白金拡散	・フロー的には，「デポ→拡散→除去」という半導体ウェーハプロセスで実現可能 ・他のプロセスとの分離が必要 ・除去には，王水処理が必要
電子線照射	・電子線照射設備が必要 ・基板全面に欠陥形成
プロトン，ヘリウム照射	・照射設備（サイクロトロンなど）が必要 ・建屋，装置管理の難しさ ・局所的なライフタイム制御が可能

一般的には，**電子線照射**によるダメージで再結合中心を導入している．ただし，電子線照射は電子が軽粒子であるため，基板の深さ方向全体に再結合中心が形成される．

これに対し，照射粒子として**プロトン**や**ヘリウムイオン**などの重粒子を用いることにより，基板の深さ方向での位置制御が可能となる．ただし，プロトン

やヘリウムイオン照射を行うためには放射線装置が必要であり，手軽にできるプロセスではない．専門の業者に委託して実施する必要がある．

照射によるライフタイムの制御は，通常，大量に照射したのち，アニール処理により欠陥を適度に回復させることにより行う．したがって，照射後のアニール処理の温度および時間管理が重要である．

10.3 パワーチップ裏面側プロセス

10.3.1 裏面プロセスフロー

最近，パワーデバイスの低コスト化のため，先端 IGBT には **FZ** ウェーハと裏面からの**薄ウェーハプロセス**を組み合わせたプロセスが広く用いられるようになってきた．図 10.5 に，この FZ + 薄ウェーハプロセスによる **FS 型** IGBT の構造を示す．現状，100 〜 130 μm 程度のシリコン厚までのプロセスが確立している．

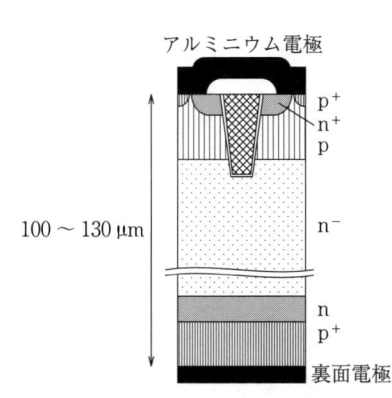

図 10.5 FS 型 IGBT の構造

薄ウェーハプロセスでは，パワーチップ専用のプロセス装置が必要であるため，できる限り MOS-LSI と共有できるプロセスまで処理したあとに，薄ウェーハ加工を行っている．したがって，表面側のアルミニウム電極を形成したあとに裏面プロセスを施すのが一般的である．

図 10.6 に，FS 型 IGBT の製造フローを示す．薄ウェーハプロセスでは，基

138　10. パワーチップ製造プロセス

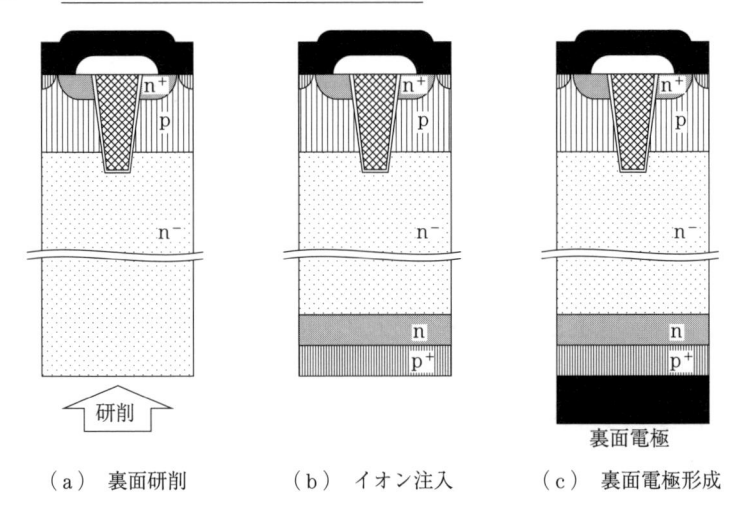

(a) 裏面研削　　　(b) イオン注入　　　(c) 裏面電極形成

図 10.6 FS 型 IGBT の製造フロー

板の FZ ウェーハがそのまま n^- 層となる．FZ ウェーハに，パンチスルー型 IGBT と同様の表面側プロセスを施す．その後，裏面研削により，薄ウェーハ化する（図 10.6（a））．次に，裏面にリンおよびボロンのイオン注入を行い，ドーパントを活性化する（図 10.6（b））．最後に裏面金属を成膜して，チッププロセスが完了する（図 10.6（c））．

MOS-LSI でも裏面のグラインディングによるウェーハの薄化は行われている．パワーチップで難しいのは，グラインディング加工したあとに裏面に不純物を注入して活性化する必要があることである．

図 10.7 に，ウェーハ全面で見た薄ウェーハプロセスの概略を示す．表面側のウェーハプロセス後，ウェーハ表面の保護と薄ウェーハ化した場合の強度確保のため，ガラス基板または保護シートなどをウェーハ表面側に貼り付ける（図 10.7（b））．貼り付けには接着剤を用いるが，後のイオン注入は真空プロセスであるため，密着性が重要である．

その後は裏面を処理するため，ウェーハを上下反転させて搬送する（図 10.7（c））．まず，グラインディングによりウェーハを薄化する（図 10.7（d））．ウェーハ厚は耐圧保持層の厚さ程度にする必要があるので，1 200 V デ

10.3 パワーチップ裏面側プロセス

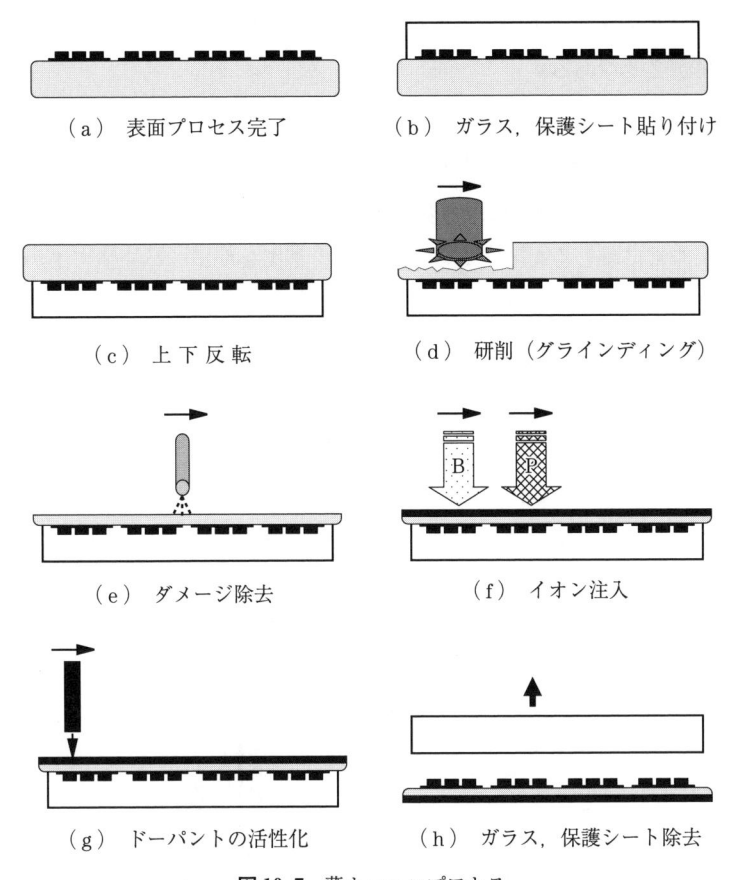

(a) 表面プロセス完了
(b) ガラス，保護シート貼り付け
(c) 上下反転
(d) 研削（グラインディング）
(e) ダメージ除去
(f) イオン注入
(g) ドーパントの活性化
(h) ガラス，保護シート除去

図 10.7 薄ウェーハプロセス

バイスで 130 μm 程度，600 V デバイスで 70 μm 程度までの薄ウェーハ化が要求される。

次に，良好な不純物層形成のため，グラインディングによる機械的ダメージを除去する（図 10.7（e））。ダメージ除去は化学的なエッチング処理で行う。その後，バッファ層となる n 型不純物およびコレクタとなる p 型不純物をイオン注入し（図 10.7（f）），**レーザアニール**などにより，ドーパント不純物を活性化する（図 10.7（g））。

その後，ガラス基板または保護シートなどをウェーハから剥離する。必要に

応じ，接着剤を除去する（図10.7（h））。有機物である接着剤の除去には，有機洗浄が必要である。

10.3.2 薄ウェーハのハンドリング

シリコンウェーハを $100\,\mu m$ 程度に薄ウェーハ化すると，ウェーハのハンドリングが非常に難しくなる。そのため，さまざまなウェーハ補強方法が考えられている。ガラスやセラミックなどに貼り付けたり，樹脂シートに貼り付けたりして強度を高めることができる。貼り付けるべき面はウェーハ表面であり，激しいパターンの凹凸を吸収でき，かつ除去しやすい接着剤が要求される。

図10.8（a）に示した**ベルヌーイの原理**を用いると，ウェーハに非接触でウェーハを搬送することが可能である。ベルヌーイの原理は飛行機の翼にも用いられている。ベルヌーイの原理とは，流体の流れにおいて，速度が速いほど圧力が低くなるというものである。飛行機の翼は真ん中が厚くなっており，そのため翼の上側のほうが空気の流れる距離が長い。したがって，空気の流れる速度が速い上側のほうが，圧力が低くなり上側に揚力が働く。

（a）ベルヌーイの原理　　（b）ベルヌーイチャック

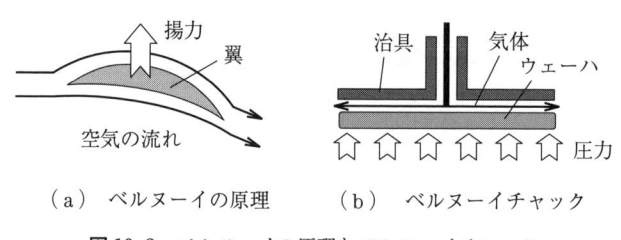

図10.8 ベルヌーイの原理とベルヌーイチャック

図10.8（b）に，ベルヌーイの原理を利用した**ベルヌーイチャック**を模式的に示す。ウェーハと治具の間に空気や窒素などの気体を流すと，ウェーハと治具の間の気圧が下がり，ウェーハが大気からの圧力を受けて治具に吸い付けられる。ただし，ウェーハと治具の間には気体が存在するので，ウェーハと治具は非接触である。したがって，ベルヌーイチャックは汚染が少ないハンドリング手法である。

ベルヌーイの原理をさらに進化させ，竜巻の原理を利用した吸着法が開発されている。気体を回転させて，やはり非接触で吸着させている。

10.3.3 裏面不純物の活性化

ウェーハ裏面には，イオン注入によりn型，p型の不純物を導入するが，シリコン中の不純物の活性化には最低800℃，十分な活性化率を得るには1 000～1 200℃の熱処理が必要である。ただし，表面側にはすでにアルミニウムが形成されているため，450℃以上にすることはできない。いかにウェーハ表面を450℃以下に保ったまま，裏面だけを1 000℃以上にするかが鍵となる。

これを実現するためパワーデバイスメーカでは，広く**レーザアニール**プロセスが採用されている。**図10.9**は，レーザ波長とシリコンへの侵入深さの関係である。レーザ波長を適当に選択することにより，レーザの基板中への侵入長を制御することが可能である。波長が300～500 nm程度のレーザを用いることにより，数マイクロメートル程度の深さのみ，1 000℃以上に加熱することが可能である。

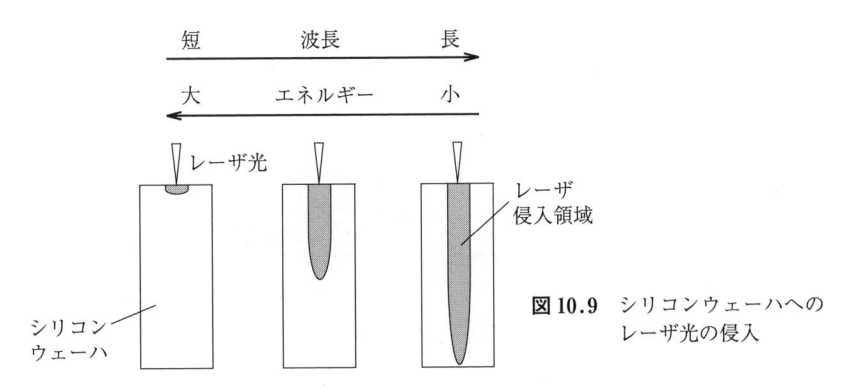

図10.9 シリコンウェーハへのレーザ光の侵入

YVO$_4$レーザと半導体レーザの二つのレーザを用いたレーザアニール装置が開発・販売されている。YVO$_4$レーザにより浅い領域を，半導体レーザにより，深い領域を加熱することで，4 μm程度までのn$^+$バッファ層とp$^+$コレクタ層を活性化できる。

10.3.4 さらなる新技術の導入

表面デバイス構造を形成したウェーハを薄化すると反りが問題となるが，厚さが 100 μm 以下になると急激に反りが大きくなる。したがって，1 200 V 耐圧のパワーチップと比較して，600 V 耐圧のチップは格段に製造が難しい。50 μm 程度のウェーハでも問題なくハンドリングできる技術として，**TAIKO** プロセスと呼ばれる技術が開発されている。

TAIKO プロセスでは，図 10.10 に示したように，外周部を厚いまま残して，ウェーハ内部のみ薄ウェーハ化する。普通に加工したウェーハは自重でたわんでしまうのに対し，TAIKO プロセスによるウェーハではまったく変形が起こらない。また，通常プロセスでは，ウェーハ先端がとがり，衝撃に弱くなるという問題もある。TAIKO プロセスは，薄ウェーハプロセスの主流になる可能性を持っており，評価が行われている。

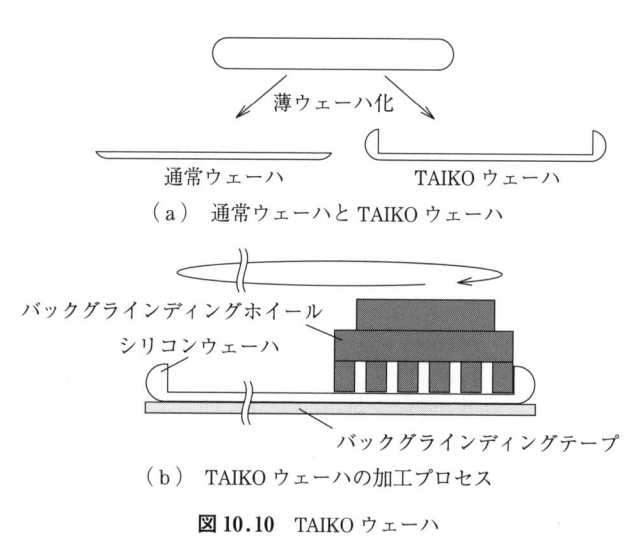

薄ウェーハ化

通常ウェーハ　　　　TAIKO ウェーハ

（a）通常ウェーハと TAIKO ウェーハ

バックグラインディングホイール
シリコンウェーハ
バックグラインディングテープ

（b）TAIKO ウェーハの加工プロセス

図 10.10 TAIKO ウェーハ

今後，パワーデバイスでは，薄ウェーハプロセスによるデバイスが増えると考えられるが，MOS-LSI とは異なるプロセスであり，独自の技術開発が必要である。

> **コーヒーブレイク**

ウェーハプロセス用材料

表は，半導体プロセスに用いられる元素をまとめたものである．従来からシリコンのウェーハプロセスに用いられている元素，パワーデバイスで特有に用いられている元素，および先端LSIに導入され出した，または導入が検討されている元素を示している．

表 ウェーハプロセス用材料

	1	2	3	4	5	6	7	8	9	10	11	12	13	14	15	16	17	18	
1	H																	He	1
2	Li	Be											B	C	N	O	F	Ne	2
3	Na	Mg											Al	Si	P	S	Cl	Ar	3
4	K	Ca	Sc	Ti	V	Cr	Mn	Fe	Co	Ni	Cu	Zn	Ga	Ge	As	Se	Br	Kr	4
5	Rb	Sr	Y	Zr	Nb	Mo	Tc	Ru	Rh	Pd	Ag	Cd	In	Sn	Sb	Te	I	Xe	5
6	Cs	Ba	57~71	Hf	Ta	W	Re	Os	Ir	Pt	Au	Hg	Tl	Pb	Bi	Po	At	Rn	6
7	Fr	Ra	89~103	Rf	Db	Sg	Bh	Hs	Mt										7

57~71	La	Ce	Pr	Nd	Pm	Sm	Eu	Gd	Tb	Dy	Ho	Er	Tm	Yb	Lu
89~103	Ac	Th	Pa	U	Np	Pu	Am	Cm	Bk	Cf	Es	Fm	Md	No	Lr

■：従来のシリコンウェーハプロセスに用いられている元素
■：従来からパワーデバイスで用いられている元素
▨：先端MOS-LSIに導入され出した，または検討されている元素

　従来から用いられてきた元素には，p型ドーパント不純物であるボロンおよびn型ドーパント不純物であるリン，ヒ素，アンチモンがある．また，酸化膜形成用として酸素が用いられ，酸化過程で水素，塩素などが用いられている．配線用の元素としては，古くからアルミニウムが用いられてきた．デバイスの微細化に伴い，タングステンや銅などが用いられるようになった．それらに加え，パワーデバイスに特有の元素としては，ライフタイム制御用として金，白金，ヘリウムなどが用いられている．また，裏面メタライズ用の金属として，ニッケル，チタン，モリブデン，バナジウムなどが使用されている（以前はLSIでも使用されていた）．

　一方，先端LSIには，ソース／ドレーンの低抵抗化のためのシリサイド形成用として，チタン，ニッケル，コバルトなどが使用されている．さらに，さまざまなメモリデバイスが検討されており，それらを実現するため，強誘電体膜，磁性材料などにさまざまな新材料の導入が検討されている．

11 パワーモジュール製造プロセス

　一般に，パワーデバイスはモジュールで製品化される。本章では，パワーモジュールの製造プロセスについて解説する。具体的には，パワーチップの性能を最大限に引き出すためのモジュール製造における重要技術と，次世代パワーデバイスから要求される将来技術に関して解説する。さらに，パワーデバイスで重要なテスト技術に関しても述べる。

11.1　パワーモジュール製造プロセス

11.1.1　パワーモジュール製造プロセスフロー

　図 11.1 にパワーモジュールの製造プロセスフローを示す。**ケースタイプ**，**トランスファーモールドタイプ**とも，最初にウェーハ上にウェーハプロセスにより形成したパワーチップを，ダイシングにより切り分ける。次に，絶縁基板

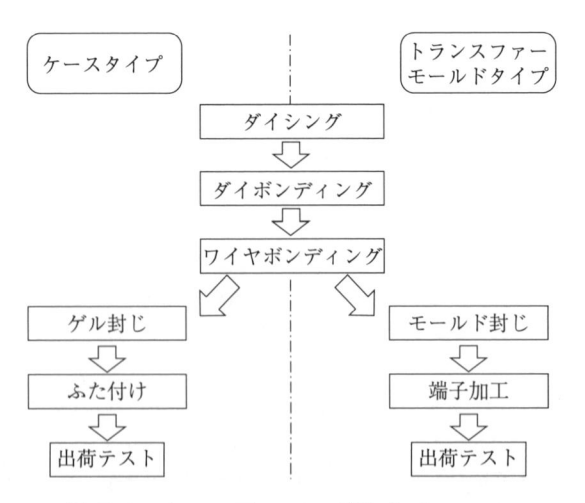

図 11.1　パワーモジュールの製造プロセスフロー

上に形成した銅板上にチップをダイボンドし，その後，ワイヤボンドにより，各チップを配線する。ケースタイプでは，ゲルによりチップを封じ込め，その後，ケースにふたをする。

トランスファーモールドタイプにおけるチップの封じ込めは，MOS-LSI と同様，金型を用いてモールド樹脂を流し込むことで行われる。樹脂封じの際は，樹脂の勢いで配線が倒れる可能性があるので，その対策が必要になる。パワーデバイスでは，熱の放散が重要であり，樹脂中に放熱性のフィラーを混入させている。

11.1.2 ダイシング

図11.2（a）に**ダイシング**の概念を示す。ウェーハプロセスが完了したウェーハを金属製のダイシングリングを有するダイシングシートに貼り付ける。そして，刃先にダイヤモンドなどの砥粒を付着させた**ブレード**を高速回転

(a) ダイシングの概念

(b) ダイシング前　　(C) ダイシング/エキスパンド後

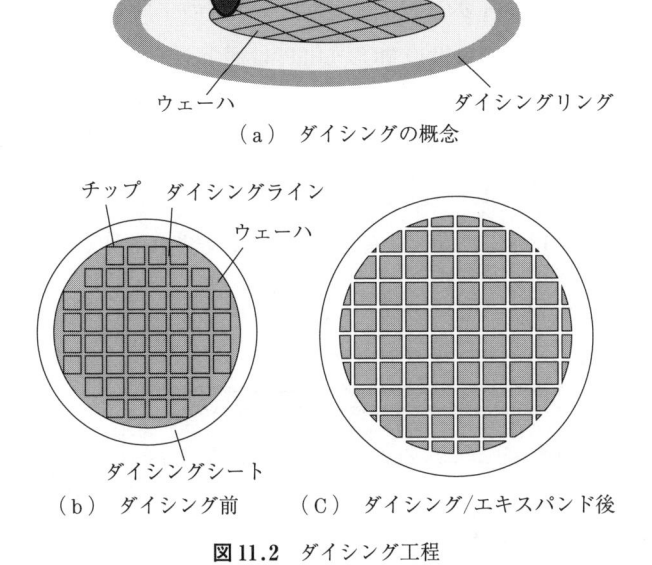

図11.2　ダイシング工程

させて，個々のチップに切り分ける。

ダイシングに用いられるブレードは，硬い物質の切断は比較的得意である。一方，アルミニウムのような柔らかい物質は，刃先に残存し切れ味を劣化させる。そのため，チップ間にはできるだけ余分な物質を残さないようにした**ダイシングライン**が形成される。通常，ダイシングラインの幅は，100 μm 程度である。

図11.2（b）は，ウェーハをダイシングシートに貼り付けたダイシング前の状態である。ダイシング後，ダイシングシートをエキスパンドした状態が図11.2（c）である。

この状態では，チップはダイシングシートに貼り付いているが，紫外光照射により粘着力が低下する。このようにして，チップをモジュール化するための準備ができる。

11.1.3 ダイボンド

図11.3に示したように，現状のシリコンパワーデバイスでは，パワーチップは銅板上にはんだ**ダイボンド**で接合される。このプロセスは古いMOS-LSIでも実施されていたが，最近のMOS-LSIでは樹脂ダイボンドが主流である。近年，環境問題から，ダイボンド用のはんだは**鉛フリー化**されている。鉛フリーはんだは融点が高く，プロセスが難しくなる。

トランスファーモールドタイプのIPMでは，パワーチップとともに集積回路チップも金属フレームに直接はんだでダイボンドされる。

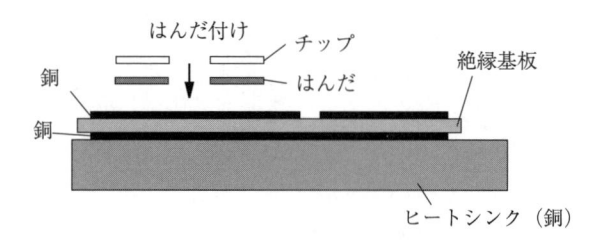

図 11.3 ダイボンド工程（ケースタイプ）

パワーチップは面積が大きく，放熱性が重要である．そのため，ダイボンド時に，はんだ中に気泡が入ることにより形成されるボイドが大きな問題となることがある．ボイドは熱伝導性を低下させる．ボイドの検査にはX線や超音波が用いられる．

6.1.2項で述べたように，パワーチップの裏面電極にはニッケルが用いられる．ニッケルとはんだが合金化し，大電流を流すことのできる接合が形成される．

11.1.4 ワイヤボンド

MOS-LSIで広く用いられているのは，直径数十マイクロメートル程度の金のワイヤであり，加熱により**ボンディング**される．一方，**図11.4**に示したように，パワーデバイスには直径200〜400 μm程度のアルミニウムのワイヤが用いられており，超音波によりボンディングされる．

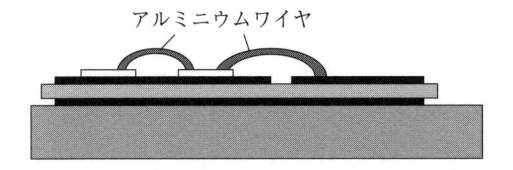

図11.4 ワイヤボンド工程（ケースタイプ）

トランスファーモールドタイプでは，パワーチップのみならず集積回路もチップの状態で搭載される．この場合，パワーチップにはアルミニウムワイヤを用い，集積回路とスイッチングデバイスの信号入力用には金ワイヤを用いるという使い分けがなされる．

11.2 パワーモジュール対応新技術

11.2.1 レーザダイシング

ブレードを用いたチップのダイシングに代わる技術として，**図11.5（a）**に示した**レーザダイシング**が注目されている．ブレードによるダイシングは機

(a) 鳥瞰図　　(b) 断面図

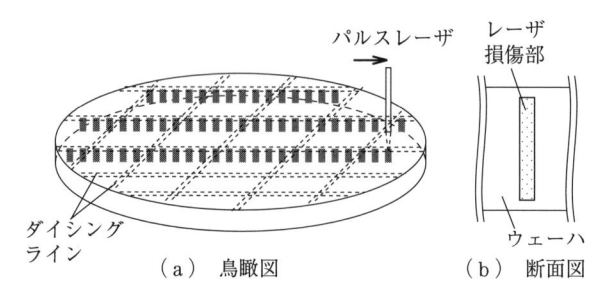

図 11.5 ステルスダイシング

械的ダメージが大きく，通常，ダイシングラインとして 100 μm 程度を必要とする。一方，レーザダイシングでは数十マイクロメートルのダイシングラインで十分である。加えて，レーザダイシングでは，10 cm/s 以上の高速ダイシングが可能である。

さらに，レーザダイシングでは，ウェーハ内部のみにきずを形成する**ステルスダイシング**[†]と呼ばれるダイシングも可能である。図 11.5（b）に示したように，レーザの焦点をウェーハ深部に合わせることにより，ウェーハ内部でエネルギーを吸収させ，熱衝撃によりきずを形成する。ダイシング処理後は，見た目にはウェーハ表面に変化はないが，外部から圧力を加えると簡単にチップに分割できる。

レーザダイシングにフェムト秒レーザを用いることにより，さらに低ダメージ化が図れる。**図 11.6** に，フェムト秒レーザとナノ秒レーザの比較を示す。フェムト秒レーザでは短時間に高エネルギーを照射するため，電子が得たエネルギーが格子に伝わる十分な時間がない。したがって，熱発生の抑制が可能であり，異物発生を低減できる。

また，フェムト秒レーザでは多光子吸収が実現できる。単光子吸収では，材料のバンドギャップ以上のエネルギーの光しか吸収させることができない。一方，多光子吸収により，バンドギャップの大きな透明基板のダイシングが可能である。この効果を利用して透明なサファイア基板が割断できる。

[†] "ステルス"とは，レーダに感知されない戦闘機にも使用される，"密かな"という意味である。

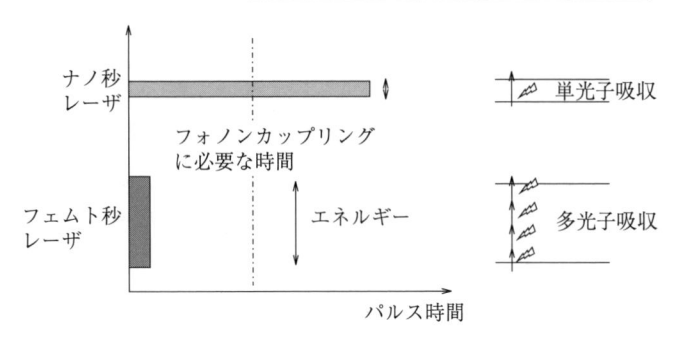

図11.6 フェムト秒レーザとナノ秒レーザの比較

11.2.2 高電流密度化への対応

今後も継続して，パワーチップには高電流密度化が要求される。これまで述べたように，パワーチップには複数本のワイヤがボンディングされる。もし，ボンディング部に次のワイヤが重なってボンディングされると不良になる。したがって，ワイヤ間隔に余裕を持たせてボンディングする必要がある。

アルミニウムのワイヤボンドでは，高電流密度化に対し，すでに限界が見えている。そのため，アルミニウムの**リボンボンド**，**銅ワイヤ**などや，銅の直接接合が検討されている。**図11.7**に金ワイヤ，アルミニウムワイヤおよびアルミニウムリボンの比較を模式的に示す。アルミニウムリボンでは1本で流せる

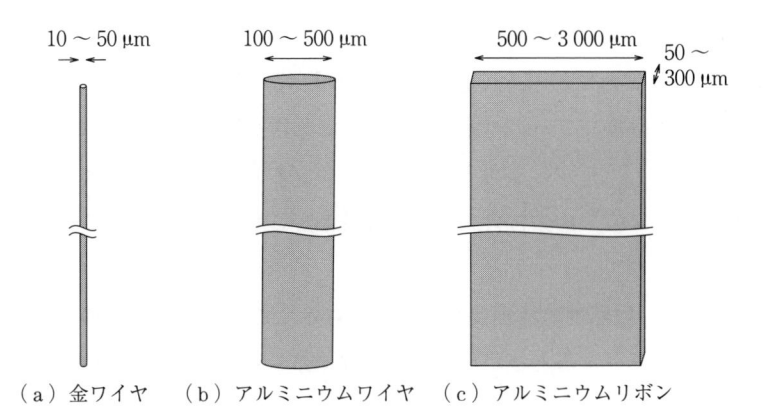

図11.7 ボンディング用ワイヤの比較
（a）金ワイヤ　（b）アルミニウムワイヤ　（c）アルミニウムリボン

電流は大きくなるが，斜め方向にボンディングすることはできないという欠点がある。

図 11.8 に，表面電極に直接銅板を接合させた **DLB**（direct beam lead bonding）の構造を示す。この構造では，エミッタ電極全体から電流を取り出すことが可能であり，高電流密度化にとって非常に有利である。また，電極構造の信頼性も向上するメリットがある。ただし，表面側にもはんだ接合のためのニッケルを含む多層金属を形成する必要がある。

図 11.8 DLB の構造

また，めっき技術を使用して，表面側に銅板を接合する技術が提案されている。この技術を用いて，裏面側のみならず表面側からも冷却を行う両面冷却構造が実現されている。

11.2.3 高温動作への対応

シリコンパワーデバイスにおいても，**高 T_j 化**が望まれる[†1]。さらに，ワイドギャップ半導体パワーデバイスでは，高温動作が可能であることがメリットの一つである[†2]。しかしながら，パワーチップの高温動作が可能になっても，パッケージングのための材料などの周辺技術がこれに対応していなくては製品化できない。

図 11.9 は，耐熱性の律速要因を概念的に示したものである。桶に水を溜める場合をイメージするとわかりやすい。個々の要素の性能を桶板の高さで表し

[†1] T_j は，8.3.4 項参照。
[†2] 12 章参照。

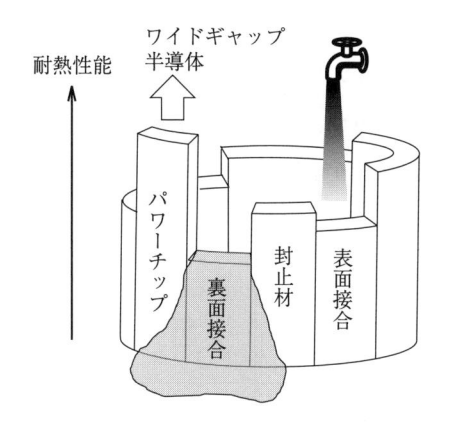

図 11.9 耐熱性の律速要因（概念図）

ており，桶に溜めることのできる水の量が耐熱性能を表していると考える。一つの要素の性能がいかに向上しても，トータルの性能は最も性能の劣る要素で律速してしまう。パワーデバイスの高温動作化においても，同様にパワーチップの性能が向上しても，周辺技術が高温に対応できなければ宝の持ち腐れである。現状，チップ技術以上にモジュール技術には課題が多い。

動作温度が200〜250℃を超えると，融点の低いはんだでは裏面の接合ができなくなる。はんだダイボンドに代わる技術として，**銀ナノ粒子**を用いた接合形成技術が検討されている。

銀を粒子状にすると，凝集してしまうという問題がある。そのため，銀ナノ粒子の表面には樹脂などのコーティングを行っている。コーティングを施した銀粒子を250〜300℃に加熱するとコーティング剤が蒸発し銀のみとなる。そして，銀どうしおよび接触している金属が強力に接合する。

いったん接合が形成されると，この接合は500℃以上に温度を上げても問題なく接合状態を維持する。したがって，はんだを用いた接合と比較して，はるかに高温で安定した接合が形成できる。次世代の接合技術として，おおいに期待できる技術である。

11.2.4 高信頼性への対応

高温で使用するほど，温度変化に対する信頼性の確保が難しくなる。そのため，周辺材料の熱膨張係数がますます重要になる。図 11.10 に示したように，これまでの封止材では，**加工性**と**耐熱性**がトレードオフの関係にあり，それらを両立させることが難しかった。

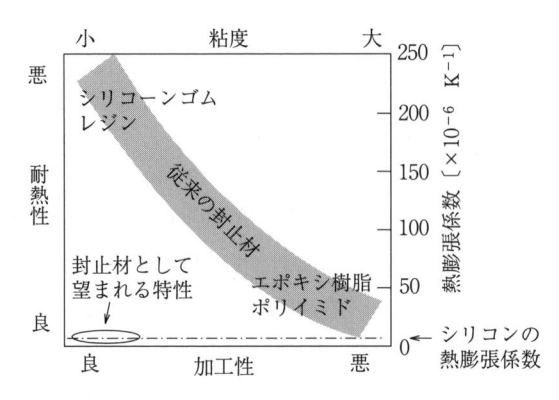

図 11.10 低膨張係数/低粘度封止剤

シリコーンゴムやレジンは，加工性は良好であるが耐熱性が低い。一方，ポリイミドや固体状のエポキシ樹脂は，熱膨張係数がシリコンに近く耐熱性は高いが流動性がなく加工性が劣る。それに対し，加工性と耐熱性の両方を併せ持った新材料が開発されている。今後の評価が楽しみである。

11.3 パワーデバイスのテスト技術

11.3.1 半導体デバイスのテスト技術

表 11.1 に半導体デバイスにおけるテストの種類およびそれぞれの機能と課題を示す。半導体デバイスの主流である集積回路の製造においては，大量の**メモリテスタ**および**ロジックテスタ**が使用されている。

半導体メモリは最も生産量の多い MOS-LSI である。メモリの容量が着実にアップしていくに従い，メモリテストは並列処理などでいかにスループットを

11.3 パワーデバイスのテスト技術   153

表11.1 半導体デバイスのテスト技術

分類	機能・課題
メモリテスト (メモリテスタ)	・集積度アップに対応し，時短が重要。 ・並列処理 ・さまざまなメモリに対応する必要がある。
ロジックテスト (ロジックテスタ)	・論理テスト ・多ピン対応
アナログテスト (アナログテスタ)	・上記に入らないテスト ・アナログIC，イメージセンサ，スイッチングデバイスなど ・スイッチングデバイス 　→動特性（過渡応答）のテスト

上げるかが課題である。

　ロジックデバイスも集積度が上がり，多ピン化が進んでいる。ロジックテストに関しては，もれのない論理テストをいかに短時間で行うかが重要課題である。

　そのほかのテストとして，各種の**アナログテスト**がある。リニアIC（アナログIC）やイメージセンサなどのアナログデバイスのテストやパワーチップなどのスイッチングデバイスのテストが行われている。

11.3.2 パワーデバイスのテスト工程

　パワーデバイスでは，ウェーハ状態，チップ状態，最終製品状態でのテストが要求される。MOS-LSIでは，ウェーハ状態でのテストでデバイス特性を十分評価可能である。一方，パワーデバイスは薄ウェーハ状態でテストする必要があり，かつ大電流を流すのが難しい。そのため，ウェーハ状態でのテストで可能なのは，ウェーハの薄化前にウェーハプロセスに大きな不具合がないかの確認を行う程度である。

　MOS-LSIおよびパワーチップとも，通常ウェーハ状態でのテストは，チップそのものの測定を行うのではなく，**TEG**（test element group）と呼ばれる測定用の専用構造を用いて行う。TEGにより，各拡散層の抵抗，拡散層と電極のコンタクト，接合の健全性などを確認する。TEGはチップ内ではなく，ダイシングライン内に形成することが多い。

パワーデバイスでは，MOS-LSI にはないチップ状態のテストが非常に有効である。最終製品状態でのテストは，MOS-LSI およびパワーデバイスともに実施される。

11.3.3 チップ状態でのテストの重要性

パワーモジュールの製造において，**チップテスト**技術が非常に重要である。特に大容量パワーデバイスはモジュール製品が主であり，チップが並列で使用されることも多い。もし，並列に接続したチップ間に特性のばらつきがあると，チップ間のオンのタイミングのずれにより，特定チップに電流が集中し，チップ破壊につながる。また，各相の特性をそろえることも重要である。したがって，一つのモジュールに搭載するチップの特性はできるだけそろえることが重要である。

一方，ウェーハ状態では大電流を流すことが難しいため，チップ状態でのテストが有効である。ただし，その後にチップをアセンブリするので，チップ状態でのテストにおいては，いかにチップにダメージを与えないでテストするかが重要である。大電流を流すパワーチップ用に開発された多ピンタイプの針や，ばね性に工夫を加えた太針が開発されている。

チップ状態でのテストでは，チップを専用ケースとテスタ間で搬送する必要がある。このとき，チップを固定する方法として考えられるのは，チップ表面を吸着することである。ダメージの少ない専用の治具を用いて吸着する。また，チップ特性をそろえてアセンブリすることを考えると，確実に測定データを蓄積するシステムが必要となる。チップの製造履歴の把握をトレーサビリティと呼ぶ。さらに，チップの特性をウェーハ面内の位置情報とともに蓄積することは，ラインの管理としても重要である。

11.3.4 アナログテスト技術

パワーデバイスでは過渡応答特性が重要であるため，アナログテストが要求される。スイッチングデバイスおよびダイオードの両方のテストを行う必要が

ある．評価項目として，ターンオン／ターンオフ時間，立上り／立下り時間，逆回復時間／電流，安全動作領域などを測定できるパワーデバイス用の専用テスタが市販されている．

アナログテストにおいては，寄生インダクタンスや寄生キャパシタンスの影響をいかに少なくするかが重要である．パワーデバイスの測定では，大電流を扱うため，さらに難しい．

コーヒーブレイク

パワーデバイスの形態

図のように，パワーデバイスには，単一機能をパッケージしたディスクリートタイプと通常の集積回路に類似した多足タイプ（百足型），およびディスクリートチップや駆動回路を一つのパッケージに入れたモジュールタイプがある．

ディスクリートタイプは，ダイオード，トランジスタ，サイリスタを，1チップあるいは多くても数チップを1パッケージに入れたものである．ダイオードであれば2端子，トランジスタおよびサイリスタであれば3端子が基本である．

多足タイプには，高耐圧の集積回路（HVIC）がある．耐圧としては，600Vおよび1200Vのデバイスが市販されている．大電力のパワーデバイスはモジュールタイプが基本である．駆動回路や保護回路，さらにそれらを集積化したHVICまでをモジュール化したものがIPMである．

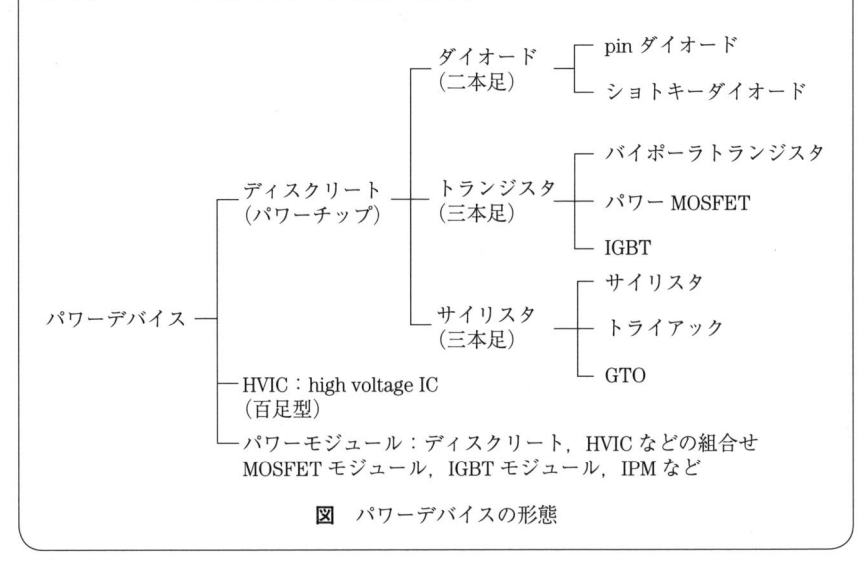

```
                          ┌ ダイオード      ┌ pin ダイオード
                          │ （二本足）     └ ショットキーダイオード
                          │
              ┌ ディスクリート │                ┌ バイポーラトランジスタ
              │ （パワーチップ）├ トランジスタ    ├ パワー MOSFET
              │              │ （三本足）     └ IGBT
              │              │
パワーデバイス ─┤              │                ┌ サイリスタ
              │              └ サイリスタ      ├ トライアック
              │                （三本足）     └ GTO
              │
              ├ HVIC：high voltage IC
              │ （百足型）
              │
              └ パワーモジュール：ディスクリート，HVIC などの組合せ
                MOSFET モジュール，IGBT モジュール，IPM など
```

図　パワーデバイスの形態

12 ワイドギャップ半導体パワーデバイス

本章では，次世代高性能パワーデバイスとして期待されているワイドギャップ半導体パワーデバイスについて解説する。シリコンパワーデバイスの性能向上は，継続的かつ精力的に行われてきた。その結果，シリコンとして引き出せる限界にかなり近付いたと考えられている。そこで，パワーデバイス用基板として優れた物性値を有するワイドギャップ半導体が注目されている。ワイドギャップ半導体の優位性をシリコンと比較して解説する。

現在，実用化に近いのは，SiC と GaN を用いたパワーデバイスである。特にこれらについて，ウェーハとデバイスの現状と課題を詳しく解説する。

12.1 シリコンパワーデバイスと比較した優位性

12.1.1 物性値による比較

いくつかの**ワイドギャップ半導体**は，シリコンに比べてパワーデバイスにとって有利な物性を有している。**付表4**に，さまざまな半導体のパワーデバイスとして重要な物性値を示した。

パワーデバイスにとって最も重要な物性値は，**絶縁破壊電界**である。**SiC** や **GaN** はシリコンの 10 倍程度の絶縁破壊電界値を有している。また，高速デバイスを実現するためには，**電子飽和速度**が大きいことが重要である。さらに動作時の発熱の抑制を考えると，**熱伝導度**が大きいほうが有利である。

表12.1に示したように，パワーデバイスに対するさまざまな性能指数（FOM：figure of merit）が提案されている。最もよく用いられるのは，**バリガ指数**である。

図12.1は，付表4の物性値を用いて，表12.1の性能指数を主要半導体に

12.1 シリコンパワーデバイスと比較した優位性

表 12.1 パワーデバイスの性能指数

指　　標	算　出　式	指標の内容
Jhonson's FOM	$\left(E_b \cdot \dfrac{V_{\text{sat}}}{2\pi}\right)^2$	高周波・ハイパワーのデバイスに対しての性能指数
Keyes's FOM	$\kappa\sqrt{\dfrac{V_{\text{sat}}}{\varepsilon}}$	大電流スイッチングのデバイスに対しての性能指数
Baliga's FOM 1 (バリガ指数)	$\varepsilon \cdot \mu_n \cdot E_b^3$	ハイパワーのスイッチングデバイスに対しての性能指数
Baliga's FOM 2	$\mu_n \cdot E_b^2$	高速・ハイパワーのスイッチングデバイスに対しての性能指数
遮断周波数 (f_t) (MOS型)	$\dfrac{V_{\text{sat}}}{2\pi}$	デバイスの高速応答性を表す指数

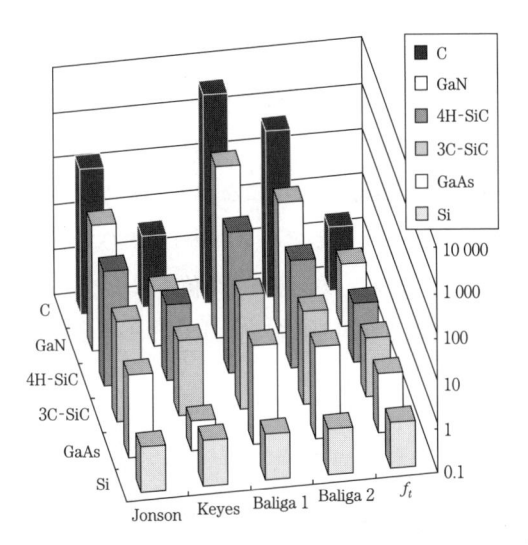

図 12.1 パワーデバイスとしての性能比較

対して計算した結果である．例えば，最近注目されている **4H-SiC**[†]のバリガ指数は，シリコンの 100 倍以上，**GaN** では 700 倍程度になる．また，**ダイヤモンド**が究極のパワーデバイス用材料とされる理由がわかる．

ただし，これらの指標は材料の持つ能力を最大限に引き出せた場合の数値であり，実現されているわけではない．現在試作されているワイドギャップ半導

[†] 4H は結晶構造を示す．H は六方晶を意味する．同様に，C は立方晶を意味する．また，数字は原子の繰返し周期を意味する．詳細については，参考文献 11), 12) を参照．

体パワーデバイスには,シリコンデバイスに比べて課題が山積みである。しかしながら,シリコンパワーデバイスの性能は,シリコンの材料限界に近い状態まで向上しているため,高性能デバイス実現の可能性を秘めたこれらの材料に大きな期待がかけられている。

12.1.2 高温動作および高速駆動

バンドギャップが大きいということは,価電子帯の電子が伝導帯に熱励起しにくいということである。したがって,より高温まで半導体として動作することを意味する。高温で動作できるということと,発熱が小さいということで,冷却機構の簡略化につながる。

図12.2は,ゲルマニウム,シリコンおよびSiCの**真性キャリヤ密度**の温度依存性である。温度が上がると真性キャリヤ密度が増加するが,バンドギャップが大きいほど密度の絶対値は小さい。ゲルマニウムやシリコンでは,300℃程度で,真性キャリヤ密度とドーパント濃度が同程度になってしまう。つまり,もはや半導体として利用できないということである。一方,SiCでは,500℃程度でも,真性キャリヤ密度は,シリコンの室温程度の値を保っている。したがって,パワーチップとして想定される使用温度範囲において,半導体として動作するということである。

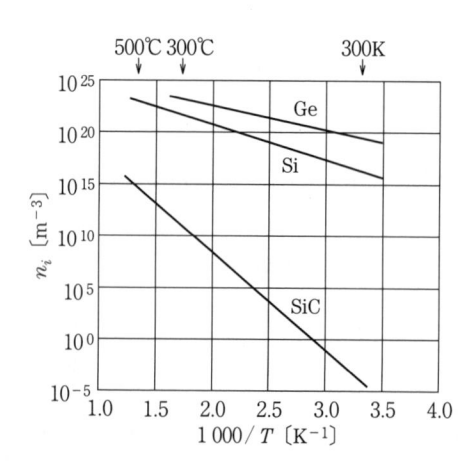

図12.2 半導体の真性キャリヤ密度

さらにこれらの材料では，電子の飽和速度が大きく高速動作が可能であり，高速スイッチングの可能なパワーデバイスが実現できる。受動デバイスであるコイル（インダクタンス L）およびコンデンサ（静電容量 C）のリアクタンス値は，角周波数 ω の正弦波交流に対してはそれぞれ ωL および $-1/\omega C$ となる。したがって，周波数を大きくすることとデバイスそのものを大きくすることは等価である。逆に言うと，同じリアクタンス値を実現しようとすると，周波数を上げてデバイスを小さくすることができる。したがって，動作周波数を上げることにより，システム全体の大きさ，重量を大幅に低減できる。

12.1.3 SiC および GaN パワーデバイスのターゲット

現在，パワーデバイスとしての実用化に最も近いワイドギャップ半導体は，SiC と GaN である。図 12.3 に，シリコンパワーデバイスとの比較で，SiC パワーデバイスと GaN パワーデバイスが最初にターゲットとしている領域を示す。

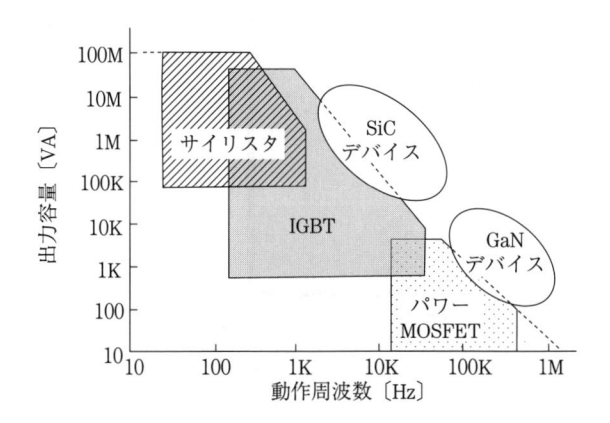

図 12.3 SiC および GaN パワーデバイスのターゲット

SiC パワーデバイスは，主流のシリコン IGBT をさらに大容量化，高速化する分野で検討されている。すでに縦型デバイスが実現されており，特に SBD は複数のデバイスメーカが製品化している。

GaN パワーデバイスは，シリコンパワー MOSFET をさらに高速化する分野で検討されている。まだ横型デバイスが主であるが，すでに高周波デバイスで

実績のある構造の延長上の構造をパワーデバイス用に改良したものであり，低容量のデバイスであれば十分実用化可能と考えられる．

12.2 SiC パワーデバイス

12.2.1 SiC ウェーハ

現在実用化されている SiC 単結晶の育成は，**図 12.4** に示した**昇華法**が主である．昇華とは，固体から液体を経ずに気体になる，逆に気体から固体になることである．昇華法では，ウェーハ状の種結晶を用いており，融液から結晶を育成するシリコンと比較して大直径化が難しい．また，種結晶の結晶性がインゴットに継承されるため，結晶欠陥の低減も難しい．

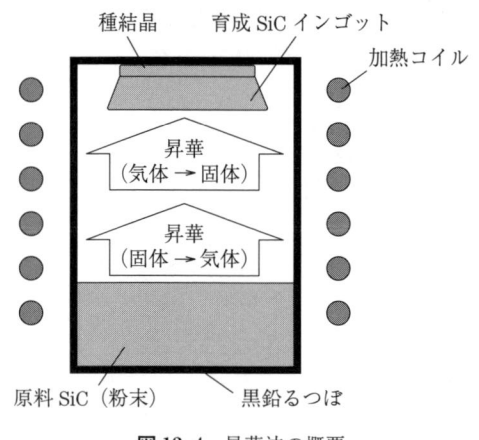

図 12.4 昇華法の概要

数年前は，SiC 単結晶には**マイクロパイプ**と呼ばれるウェーハを貫通するような空洞欠陥が多数存在し，とても量産に耐える状態ではなかった．最近では，マイクロパイプの密度は 0～2 個/cm^2 程度まで低減している．しかしながら，シリコン単結晶が無転位であるのに対し，SiC 単結晶では現状 10^4～10^6 個/cm^2 の転位欠陥が存在している．

元来 SiC はシリコンとの相性がよい材料であり，シリコン製造ラインでの共

存が可能である．SiC デバイス製造には，いくつかの SiC 特有のプロセスがあるが，写真製版，成膜およびエッチングなど共有可能なプロセスも多い．したがって同じラインで製造できれば，投資を大きく抑制できる．

現在のシリコンデバイス製造ラインは，200～300 mm ウェーハラインが主流であり，125～150 mm ウェーハラインが空く状況になってきている．そのため多くのデバイスメーカは，125 mm 径以上の SiC ウェーハに期待をしていたが，いまだに実用化されていない．

図 12.5 は，シリコンウェーハと比較した SiC ウェーハの大直径化の推移である．125～150 mm 化にはまだ時間がかかる．そのため，パワーデバイスメーカは 100 mm 径ウェーハでの少量生産を開始しており，現状，直径 100 mm ウェーハでの高品質化が重要である．

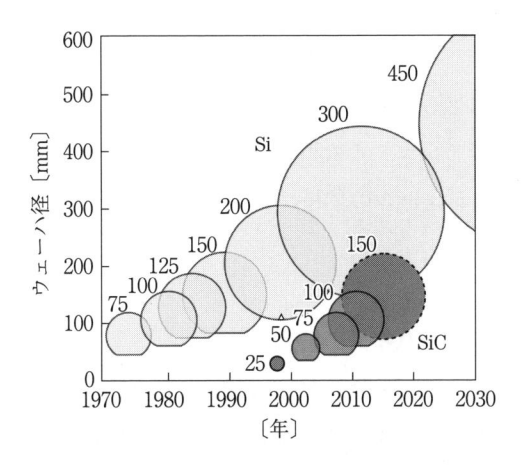

図 12.5 SiC ウェーハの直径推移

12.2.2 SiC パワーデバイスの構造

実用化されているあるいは実用化が近い SiC パワーデバイスは，ユニポーラデバイスである **SBD** と **MOSFET** である．図 12.6 は，SiC パワー MOSFET とシリコンパワー MOSFET の構造を比較したものである．

SiC の絶縁破壊電界はシリコンと比較して 1 桁程度高いので，同じ耐圧を 10

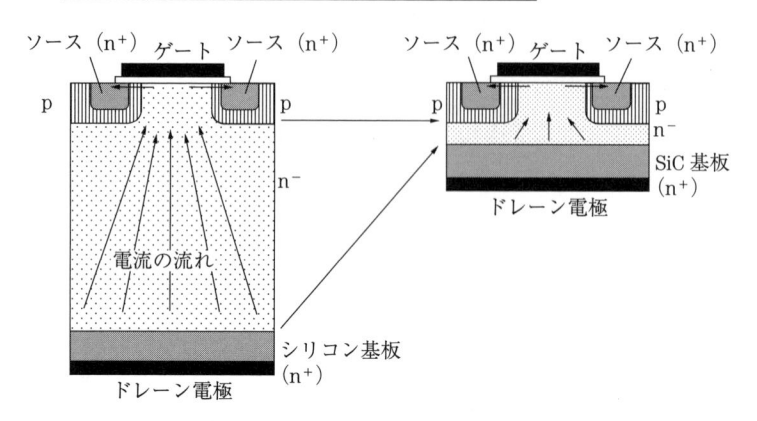

図12.6 シリコンとSiCにおけるMOSFET構造の比較

分の1程度の厚さで実現できる．また，図6.1にシリコンの場合を示した関係における不純物濃度を100倍程度高くできる．これらの効果は，ともにオン抵抗を下げるというパワーデバイスの要求に合致している．

　パワーデバイスにSiCを適用することにより，損失が小さく，またSiCは熱伝導率が大きいのでモジュールの小型化が可能である．実際に，同じ電力容量では，SiCパワーモジュールの体積はシリコンモジュールと比較して，3分の1程度に縮小できる．

12.2.3 SiCパワーデバイスの製造

　図12.7に，平面ゲート型SiCパワーMOSFETの製造フローを示す．基板には，昇華法で結晶育成した高濃度n$^+$SiCウェーハ上に，n$^-$層をエピタキシャル成長させたウェーハを用いる．SiCにおける不純物の活性化には，1 700℃以上の高温処理が必要である．高温処理によるMOS構造への悪影響を避けるため，ソース／ドレインの形成後にゲートを形成している．

　図12.8に，トレンチゲート型SiCパワーMOSFETの製造フローを示す．SiC基板においては，ドーパント不純物であっても拡散係数が非常に小さい[†]．したがって，シリコンのように，深いp型ウェルを熱拡散によって形成

　[†] 不純物の拡散係数が小さいということは，汚染に強いということである．

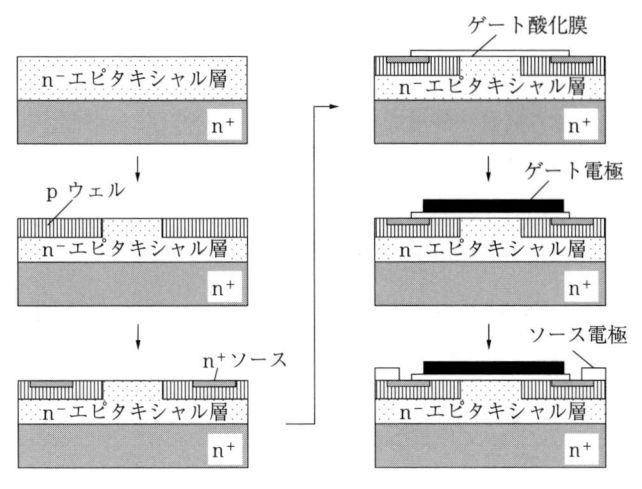

図 12.7 平面ゲート型 SiC パワー MOSFET の製造フロー

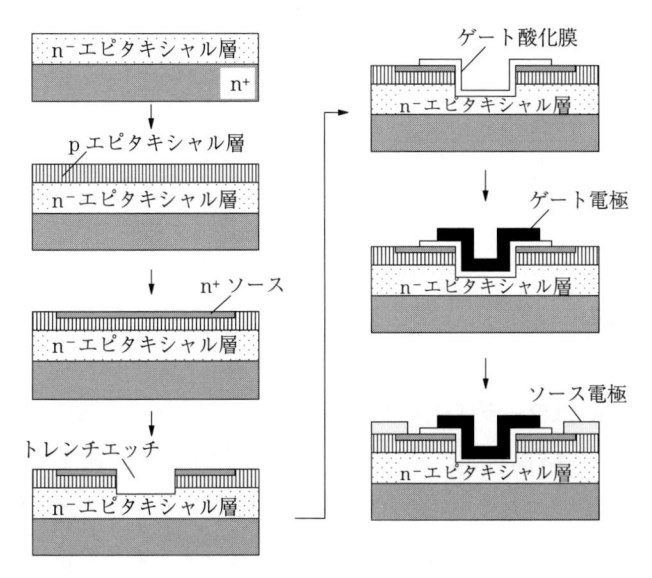

図 12.8 トレンチゲート型 SiC パワー MOSFET の製造フロー

することができない．そのため，p 型ウェルに相当する層もエピタキシャル成長によって形成しなければならない．それ以外の製造法は，シリコンのトレンチ型デバイスおよび平面ゲート型パワー MOSFET と同様である．

表12.2に，シリコンパワーデバイスと比較したSiCパワーMOSFET製造の難しさを示す．ウェーハプロセスにおいて，特にシリコンの場合と異なるのは，エピタキシャル成長，高温のイオン注入，1 700℃以上の高温処理である．SiCにおけるp$^+$層のドーピングは，アルミニウムの高温イオン注入により行っている．シリコンのウェーハプロセスでは高温イオン注入を行うことはなく，新規のプロセス装置が必要である．

SiCの高温動作が可能という特徴を生かすには，パッケージ技術が重要であることは11章でも述べたとおりである．

表12.2 SiCパワーMOSFET製造の難しさ

項 目		内　　容
基 板	製　法	・結晶育成：昇華法は生産性が悪い 　　　　　　結晶構造制御が難しい 　　　　　　大直径化が難しい ・ウェーハ加工：硬いため加工が難しい
	欠　陥	・マイクロパイプ：ゼロが必須 ・転位：特にバイポーラデバイスで 　　　　問題が大きいとされている ・その他
ウェーハプロセス	エピタキシャル成長	・高温成長，欠陥制御
	イオン注入	・200〜500℃の高温アルミニウム注入
	熱処理	・1 700℃以上の高温処理
パッケージ		・ダイシング：硬いため加工が難しい ・高温動作使用（〜500℃）

12.2.4　SiCパワーデバイスの課題

SiCパワーデバイスの課題の第一はウェーハである．表12.2に示したように，昇華法はシリコンで用いられるCZ法やFZ法と比較すると，生産性が悪く大直径化が難しい．SiCの結晶育成においても，液相からの結晶育成が検討されている[†]．結晶欠陥の低減も期待できる．まだ開発途上であるが，今後の技術向上に期待したい．

さらに普及の最大の課題はウェーハのコストである．量が増えないため安く

[†] 溶液成長と呼ばれる方式であり，シリコンの融液成長とは厳密には異なる．

ならず，高価なので量が増えないという状況，いわゆる"鶏が先か卵が先か状態"から脱却しなければならない．そのためには，ウェーハメーカとデバイスメーカが**ロードマップ**を共有して低コスト化を進めることが重要である．シリコン集積回路業界では，何十年も前から行われてきたことであるが，パワーデバイス業界では，シリコンウェーハも含めてそのような動きは見られない．

スイッチングデバイスとしての課題はMOS界面にある．SiCもシリコン同様，熱酸化によりシリコン酸化膜が形成できる．炭素は二酸化炭素（CO_2）として雰囲気中に放出されるが，MOS界面近傍に残留して悪影響を及ぼすとされており，チャネル移動度の低下や酸化膜の信頼性の低下として現れる．そのほかにも不明な点が多く，MOS界面の制御はSiCパワーMOSFETの実用化に向けての現状の大きな課題の一つである．

図12.9は，MOSFETのオン抵抗と降伏電圧の関係である．図中には，材料の物性値で決まるデバイスとしての限界を，シリコンと4H-SiCに対して示してある[†]．同一の降伏電圧を実現するためのオン抵抗が低いほど，性能が良好である．図より，SiCのほうが，2桁以上オン抵抗が低いことがわかる．

それぞれの限界線において，高電圧側は基板の抵抗で律速され，低電圧側は

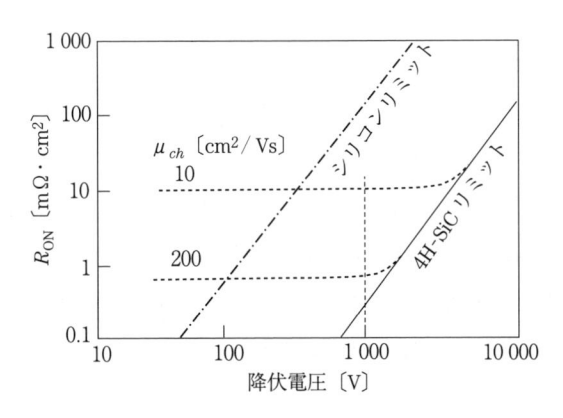

図12.9 MOSFETのオン抵抗と降伏電圧の関係

[†] ここでの限界はユニポーラデバイスに対する値であり，バイポーラデバイスによる改善は可能である．

MOSFET のチャネル抵抗で律速される。その様子が，チャネル移動度 μ_{ch} をパラメータとして図中に示してある。つまり，μ_{ch} が小さいとオン抵抗が大きな値で飽和してしまう。降伏電圧 1 000 V のデバイスを想定すると（図中の細い破線），もし μ_{ch} が 10 cm^2/Vs だと SiC のメリットはまったく生かせないことになる。少なくとも μ_{ch} が 200 cm^2/Vs 以上でなければ，SiC のメリットがほとんど得られない。

2000 年以前に試作された SiC MOSFET の μ_{ch} は 30 cm^2/Vs 以下であった。2000 年以降，埋め込みチャネル，アルミナゲート，リン拡散などが試みられ，100 〜 200 cm^2/Vs の μ_{ch} が実現されるようになった。ただし，ゲート絶縁膜の形成法は信頼性への影響が大きいので，その評価を十分行って実用化することが重要である。

製造プロセスの課題としては，硬いことが加工を行ううえでの障害となる。レーザダイシング[†]の活用は有効である。また，高温処理は均一性を保持するのが難しく，かつ発塵を起こしやすい。これらは，製造歩留まりの低下につながる。

12.3　GaN パワーデバイス

12.3.1　GaN ウェーハ

GaN デバイスは，すでに高周波デバイスや青色系の発光デバイスとして実用化されている。これらのデバイスは**図 12.10** に示したように，さまざまな基板を用いて製造されている。高周波デバイスには SiC 基板が用いられ，LED にはサファイア基板，LD（laser diode）には GaN 基板が用いられている。それらの基板上に，有機金属気相成長（MO-CVD：metal organic chemical vapor deposition）法により，GaN，AlGaN 層などをエピタキシャル成長させてデバイスを製造している。

パワーデバイス対応としてはコストが重要であり，現状最もコストの低いシリコン基板を用いたウェーハを用いてデバイス開発がなされている。サファイ

[†] 11.2.1 項参照。

12.3 GaN パワーデバイス

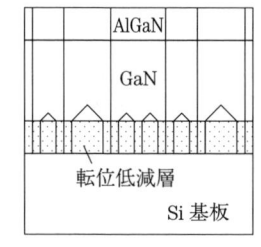

(a) シリコン基板
(パワーデバイス, 高周波デバイス)
構成: AlGaN / GaN / 転位低減層 / Si 基板

(b) SiC 基板
(高周波デバイス)
構成: AlGaN / GaN / 転位低減層 / SiC 基板

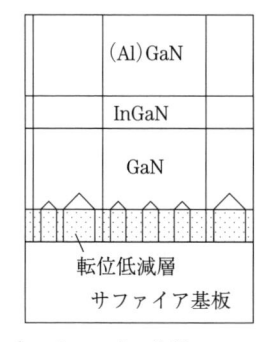

(c) サファイア基板
(LED, パワーデバイス試作)
構成: (Al)GaN / InGaN / GaN / 転位低減層 / サファイア基板

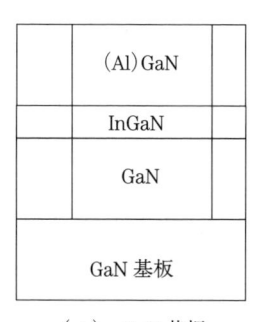

(d) GaN 基板
(LD)
構成: (Al)GaN / InGaN / GaN / GaN 基板

図 12.10 GaN デバイス用基板

ア基板を用いたパワーチップも試作されているが, サファイアは熱抵抗が大きく実用的には問題がある.

GaN 基板以外の基板を用いる場合には, 格子定数の違いによる欠陥発生を抑制するための**転位低減層**が必要である. それでも, シリコンに比べて欠陥の多い SiC よりも数桁欠陥密度が高いのが現状である. 最も欠陥が少ないのは, 図 12.10 (d) の GaN 基板を用いた場合であり, それゆえに高品質基板を要求される LD で使用されている. ただし, 現状 GaN 基板は生産数が少なく, きわめて高コストである.

表 12.3 に, 検討中の技術を含めた GaN 基板の製造法と課題をまとめた. GaN そのものの基板ということで, **自立基板**と呼ばれる. 現在, 唯一実用化

表12.3 GaN自立基板の製造方法

製　法	概　　　要	特徴・課題
HVPE法	・Clガスと金属Gaを高温で反応 ・サファイア，シリコンなどの基板上で成長 ・温度：1 000℃ ・気圧：1気圧	・GaN基板作成の主流技術 ・多数枚成長困難 ・厚膜成長困難 　→大量生産に不向き
高温高圧 合成法	・Ga融液に窒素を溶解し，液中でGaN単結晶を成長 ・温度：1 400～1 500℃ ・気圧：10 000気圧以上	・低転位密度実現 ・装置の改善 ・大結晶化
Naフラックス法	・Ga-Na混合融液に窒素を溶解させ，GaN単結晶を成長 ・温度：500～800℃ ・気圧：50～100気圧	・高品質 ・低コストが期待できる
アモノサーマル結晶成長法	・超臨界状態のアンモニアにGaNを溶解させ，GaN単結晶を成長 ・温度：300～500℃ ・気圧：1 000～3 000気圧	・高品質 ・原理的に大型化可能 　→複数枚成長可能

されているのは，**HVPE**（hydride vapor phase epitaxy）**法**である。HVPE法ではガリウムと塩素ガスを反応させ，さらにアンモニアガスとの反応により，GaNを成長させる。このときの反応式は以下である。

$$\text{GaCl(気体)} + \text{NH}_3\text{(気体)} \rightarrow \text{GaN(固体)} + \text{HCl(気体)} + \text{H}_2\text{(気体)} \quad (12.1)$$

高温高圧合成法は，欠陥密度は低いものの，10 000気圧以上の高圧を必要とする。実用化にはハードルが高い。

ナトリウムフラックス法（**Naフラックス法**）と**アモノサーマル法**は，比較的低温・低圧で製造可能である。生産性が上がり，低コスト化の可能性があり，複数の機関で検討されている。Naフラックス法はNaを触媒として使用しており，このときの反応式は以下である。

$$\text{Ga(液体)} + \frac{1}{2}\text{N}_2\text{(気体}\rightarrow\text{液体)} \rightarrow \text{GaN(固体)} \quad (12.2)$$

アモノサーマル法では超臨界アンモニアが用いられている。**図12.11**は物質の状態図である。横軸が温度，縦軸が圧力であるが，図中の臨界温度 T_C および臨界圧力 P_C 以下では，固体，気体，液体の状態があるが，これはよく知

られた関係である。温度が T_C 以上でかつ圧力が P_C 以上の状態が**超臨界液体**の状態であり，非常に活性で反応性に富んだ状態となる。

表12.4 に水とアンモニアの T_C および P_C の値を示す。超臨界水を用いた製造技術は**ハイドロサーマル法**と呼ばれ，人工水晶の製造などですでに実用化されている。超臨界アンモニアを用いた製造法がアモノサーマル法であり，原料となるガリウムと窒素を溶かし込むことにより，GaN が製造できる。

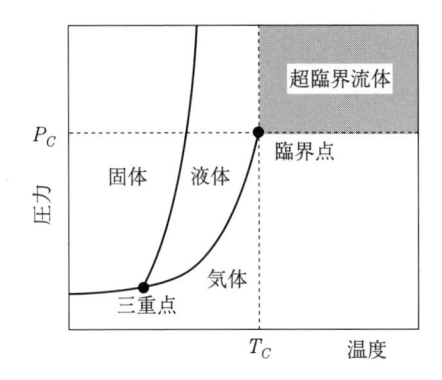

図12.11 超臨界流体

表12.4 アンモニアと水の臨界温度と臨界圧力

	臨界温度 T_C 〔℃〕	臨界圧力 P_C 〔MPa〕
アンモニア	132.4	11.35
水	374.2	22.12

12.3.2 GaN パワーデバイスの構造

高周波用としてすでに実用化されている GaN デバイスの構造は，**HEMT**[†1] (high electron mobility transistor) 構造である。**図12.12** に GaN-HEMT デバイスの構造を示す。ノンドープ GaN と AlGaN のヘテロ接合をエピタキシャル成長[†2]により形成すると，接合界面に分極作用により 2 次元電子層が誘起される。そして，AlGaN 上にオーミック電極を形成すると誘起電子をキャリヤとして電

[†1] ヘムトと読む。
[†2] GaN 上の AlGaN のように，異種材料のエピタキシャル成長をヘテロエピタキシャル成長と呼ぶ。一方，パンチスルータイプの IGBT のように，同種材料のエピタキシャル成長をホモエピタキシャル成長と呼ぶ。ヘテロ接合は，5.1.5項を参照。

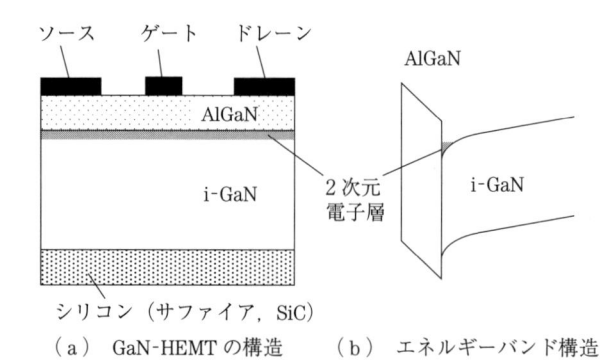

170　12. ワイドギャップ半導体パワーデバイス

図 12.12　GaN-HEMT の構造とエネルギーバンド構造
（a）GaN-HEMT の構造　　（b）エネルギーバンド構造

流が流れる。電子は不純物散乱がなく，格子による散乱が小さい領域[†1]を流れるため，大きな移動度が実現できる。

　ただし，GaN-HEMT は単純にゲートを形成してデバイスを製造すると，ゲートバイアスなしで電流が流れるノーマリィオン型のデバイスとなる。実際に高周波デバイスは**ノーマリィオン型**で製作されているが，パワーデバイスではノーマリィオン型は受け入れられない。もし，何らかの不具合が発生すると電力制御ができず短絡状態となり，大事故につながるためである。したがってパワーデバイスでは，信頼性を考慮した場合，ゲート信号なしでは電流が流れない**ノーマリィオフ型**が必須である[†2]。

12.3.3　GaN パワーデバイスの課題

　GaN デバイスも課題は低コストにあるが，大直径シリコン基板上に形成する検討が進められており，十分低コスト化の余地がある。ただし，さらなる市場の拡大には縦型デバイスの実用化が必須である。縦型デバイスを実現するためには，GaN の自立基板の製造技術の確立が必須である。

　現在の GaN パワーデバイスの量産化の課題は，ノーマリィオフ特性の安定化である。**図 12.13** にノーマリィオフ構造の例を示す。図 12.13（a）は，

[†1]　電子が 2 次元に閉じ込められているため，1 次元分の格子散乱がない。
[†2]　信頼性を重視しないメーカ（特に海外）では，ノーマリィオン型も検討されている。

12.3 GaN パワーデバイス

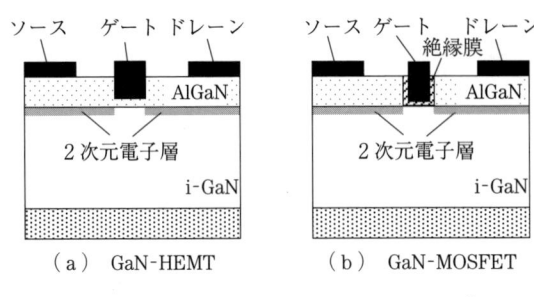

(a) GaN-HEMT (b) GaN-MOSFET

図 12.13 GaN デバイスのノーマリィオフ化

AlGaN 層にトレンチゲートを形成し，GaN/AlGaN 界面の 2 次元電子層を制御する構造である．大面積ウェーハ面内で AlGaN の厚さを均一加工する技術を必要とする．図 12.13（b）は，GaN の MOS 構造でノーマリィオフ型を実現しようとするものである．この場合，MOS 界面準位の低減が鍵となる．

デバイス特性的には，**電流コラプス**という問題がある．電流コラプスとは，オン状態で電流が継時的に減少する現象である．ゲート近傍でのキャリヤのトラップによると考えられており，ゲート電極下の電界の緩和構造での対策がなされている．**図 12.14** に，MOSFET における電流コラプス低減構造の例を示す．ゲートのドレーン側への張り出しで電界を緩和させている．

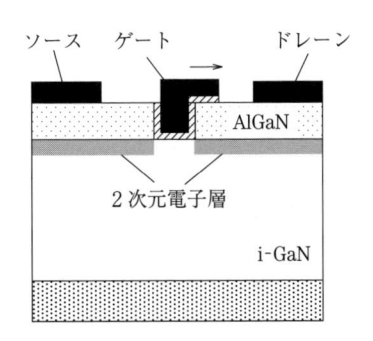

図 12.14 GaN デバイスの電流コラプス低減

12. ワイドギャップ半導体パワーデバイス

> ### ┃コーヒーブレイク┃
>
> ### サファイア基板
>
> 化合物半導体の GaN は，パワーデバイス以外にもさまざまな用途での適用が検討されており，すでに実用化されている。その中で，現在最も多く出荷されているのは，青色あるいは白色 LED である。LED 用の GaN は，おもに**サファイア**基板上に形成されている。
>
> サファイアはアルミナ（酸化アルミニウム：Al_2O_3）の単結晶である。サファイアというと宝石を思い浮かべるが，宝石のサファイアには不純物が含まれることにより美しい色を発している。サファイアは青色などで，赤色のアルミナはルビーである。
>
> 電子材料としては，人工的に結晶成長させて製造している。シリコン同様，種結晶を用い円筒状，あるいは**図**に示したようにスリットを通して板状に成長させる。それを他の半導体同様，ウェーハ状に加工して使用している。ウェーハ直径は，150 mm は問題なく製造されており，200 mm 以上のウェーハも試作されている。
>
> **図 サファイア結晶の育成**

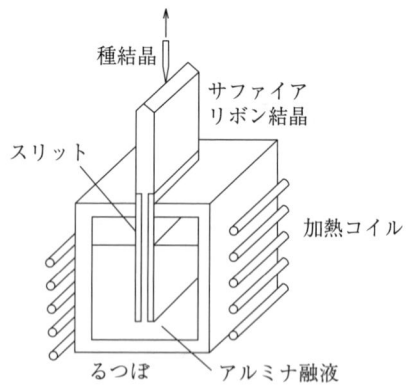

付録

付表1 長周期律表

族	1 IA	2 IIA	3 IIIA	4 IVA	5 VA	6 VIA	7 VIIA	8	9 VIII	10	11 IB	12 IIB	13 IIIB	14 IVB	15 VB	16 VIB	17 VIIB	18 0
1	1 H 水素																	2 He ヘリウム
2	3 Li リチウム	4 Be ベリリウム											5 B ホウ素	6 C 炭素	7 N 窒素	8 O 酸素	9 F フッ素	10 Ne ネオン
3	11 Na ナトリウム	12 Mg マグネシウム											13 Al アルミニウム	14 Si シリコン	15 P リン	16 S 硫黄	17 Cl 塩素	18 Ar アルゴン
4	19 K カリウム	20 Ca カルシウム	21 Sc スカンジウム	22 Ti チタン	23 V バナジウム	24 Cr クロム	25 Mn マンガン	26 Fe 鉄	27 Co コバルト	28 Ni ニッケル	29 Cu 銅	30 Zn 亜鉛	31 Ga ガリウム	32 Ge ゲルマニウム	33 As ヒ素	34 Se セレン	35 Br 臭素	36 Kr クリプトン
5	37 Rb ルビジウム	38 Sr ストロンチウム	39 Y イットリウム	40 Zr ジルコニウム	41 Nb ニオブ	42 Mo モリブデン	43 Tc テクネチウム	44 Ru ルテニウム	45 Rh ロジウム	46 Pd パラジウム	47 Ag 銀	48 Cd カドミウム	49 In インジウム	50 Sn スズ	51 Sb アンチモン	52 Te テルル	53 I ヨウ素	54 Xe キセノン
6	55 Cs セシウム	56 Ba バリウム	L ランタノイド	72 Hf ハフニウム	73 Ta タンタル	74 W タングステン	75 Re レニウム	76 Os オスミウム	77 Ir イリジウム	78 Pt 白金	79 Au 金	80 Hg 水銀	81 Tl タリウム	82 Pb 鉛	83 Bi ビスマス	84 Po ポロニウム	85 At アスタチン	86 Rn ラドン
7	87 Fr フランシウム	88 Ra ラジウム	A アクチノイド	104 Rf ラザホージウム	105 Db ドブニウム	106 Sg シーボーギウム	107 Bh ボーリウム	108 Hs ハッシウム	109 Mt マイトネリウム	110 Ds ダームスタチウム	111 Rg レントゲニウム	112 Uub ウンウンビウム	113 Uut ウンウントリウム	114 Uuq ウンウンクアジウム	115 Uup ウンウンペンチウム	116 Uuh ウンウンヘキシウム	117 Uus ウンウンセプチウム	118 Uuo ウンウンオクチウム
	アルカリ金属	アルカリ土類金属	希土類	チタン族	土類金属	クロム族	マンガン族	鉄族 (上3元素) 白金族 (中5元素)			銅族	亜鉛族	アルミニウム族	炭素族	窒素族	酸素族	ハロゲン	不活性ガス 希ガス

L ランタノイド	57 La ランタン	58 Ce セリウム	59 Pr プラセオジム	60 Nd ネオジム	61 Pm プロメチウム	62 Sm サマリウム	63 Eu ユーロピウム	64 Gd ガドリニウム	65 Tb テルビウム	66 Dy ジスプロシウム	67 Ho ホルミウム	68 Er エルビウム	69 Tm ツリウム	70 Yb イッテルビウム	71 Lu ルテチウム
A アクチノイド	89 Ac アクチニウム	90 Th トリウム	91 Pa プロトアクチニウム	92 U ウラン	93 Np ネプツニウム	94 Pu プルトニウム	95 Am アメリシウム	96 Cm キュリウム	97 Bk バークリウム	98 Cf カリホルニウム	99 Es アインスタイニウム	100 Fm フェルミウム	101 Md メンデレビウム	102 No ノーベリウム	103 Lr ローレンシウム

付表2 おもな物理定数の値

物理定数	記号	数値	単位
プランク定数	h	6.626×10^{-34} 4.136×10^{-15}	[J·s] [eV·s]
ボルツマン定数	k	1.381×10^{-23} 8.617×10^{-5}	[J/K] [eV/K]
電気素量	q	1.602×10^{-19}	[C]
電子の静止質量	m_0	9.109×10^{-31}	[kg]
真空の誘電率	ε_0	8.854×10^{-12}	[F/m]

付表3 シリコンのおもな物性値 (300K)

物性値	記号	数値	単位
格子定数	a	0.543 086	[nm]
原子間距離	r_a	0.230	[nm]
原子密度		5×10^{22}	[cm^{-3}]
密度		2.328	[g/cm^3]
電子親和力	χ	4.05	[V]
比誘電率	ε_s	12	
電子の有効質量	m_e^*	$0.33\,m_0$	
	m_l	$0.98\,m_0$	
	m_t	$0.19\,m_0$	
ホールの有効質量	m_h^*	$0.55\,m_0$	
	m_{hh}	$0.49\,m_0$	
	m_{lh}	$0.16\,m_0$	

計算式

$$r_a = \frac{\sqrt{3}}{4} a$$
$$m_e^* = (m_l m_t^2)^{1/3}$$
$$m_h^* = (m_{hh}^{3/2} + m_{lh}^{3/2})^{2/3}$$

付表4 主要半導体のパワーデバイスにとって重要な物性値

		Si	GaAs	InP	3C-SiC	6H-SiC	4H-SiC	GaN	C
バンドギャップ	E_g [eV]	1.1	1.4	1.3	2.2	3	3.26	3.39	5.45
バンドタイプ	−	間接	直接	直接	間接	間接	間接	直接	間接
比誘電率	ε	11.8	12.8	12.4	9.6	9.7	10	9	5.5
電子移動度	μ_n [cm^2/Vs]	1 350	8 500	5 400	900	370	720	900	1 900
絶縁破壊電界	E_b [$\times 10^6$V/cm]	0.3	0.4	0.5	1.2	2.4	2.8	3.3	5.6
電子飽和速度	V_sat [$\times 10^6$cm/s]	10	20	25	20	20	20	25	27
熱伝導度	κ [W/cmK]	1.5	0.5	0.7	4.5	4.5	4.5	1.3	20.9

参 考 文 献

1章, 2章
1) 由宇義珍：初めてのパワーデバイス, 工業調査会 (2006)
2) IGBT 図書企画編集委員会：世界を動かすパワー半導体, 電気学会 (2008)

3～5章
3) 小林敏志, 金子双男, 加藤景三：基礎半導体工学, コロナ社 (1996)
4) S. M. Sze：Physics of semiconductor devices, John Wiley & Sons (1981)
5) 半導体基盤技術研究会：シリコンの科学, リアライズ社 (1996)

6～8章
6) 由宇義珍：初めてのパワーデバイス, 工業調査会 (2006)
7) B. Jayant. Baliga：Fundamentals of Power Semiconductor Devices, Springer (2008)

9章
8) 高田清司, 小松崎靖男：21世紀の半導体シリコン産業, 工業調査会 (2000)
9) 半導体基盤技術研究会：シリコンの科学, リアライズ社 (1996)

11章
10) 半導体新技術研究会：図解最先端半導体パッケージ技術のすべて, 工業調査会 (2007)

12章
11) 荒井和雄, 吉田貞史 共編：SiC 素子の基礎と応用 (2003)
12) 松波弘之：半導体 SiC 技術と応用 (2003)

各メーカ技術資料
13) 三菱電機技報
14) 富士時報
15) 東芝レビュー
16) 日立評論

索引

【あ】

悪性 PRIDE	31
アクセプタ	38
アナログテスト	153
アノード	11
アノード電極	77
アバランシェ降伏	50
アモノサーマル法	168
アルミナゲート	166
安全動作領域	15, 76

【い】

イオン結合	25
イオン注入	131
インゴット	114
インバート	2

【う】

薄ウェーハプロセス	19, 126, 137
埋め込みチャネル	166

【え】

エッチング	132
エネルギー準位	33
エネルギー帯	27
エネルギーバンド	27
エピタキシャル成長	122
エミッタ	72
エミッタ接地回路	72
エミッタ接地電流増幅率	72

【お】

オクターブの法則	35
オートドープ	125
オフ損失	14
オーム性接触	60
オン損失	14

【か】

回生	8
界面準位	63
殻構造	23
拡散	45, 132
拡散ウェーハ	121
拡散係数	34
拡散電位	48
加工	131
加工性	152
ガスドープ法	119
カソード	11
カソード電極	77
価電子	23
価電子帯	27
家電用途	4
過渡特性	71
ガードリング	93
還流ダイオード	15

【き】

寄生インダクタンス	104
逆回復時間	72
逆阻止 IGBT	20, 96
逆導通 IGBT	20, 96
逆導通サイリスタ	82
逆方向飽和電流密度	49
キャリヤ	36
キャリヤ連続の式	46
鏡面	117
共有結合	25
許容帯	27
禁制帯	27
金属	28
金属結合	25
銀ナノ粒子	151

【く】

空孔	30
偶発故障	111
空乏状態	62
空乏層	48
空乏層幅	48
駆動機能	105
クラウン	125

【け】

軽水炉	119
ケース温度	110
ケースタイプ	106, 144
ケースタイプ IGBT モジュール	106
ケースタイプ IPM	107
結合半径	124
結晶欠陥	29
ゲート	84
ゲート電極	77
原子	22
原子核	22
元素	22

【こ】

高温高圧合成法	168
格子間原子	30
高周波誘導加熱	117
高純度多結晶シリコン	113
高信頼性	108
高性能化	20

索引

高絶縁性	108
高速中性子	119
高 T_j 化	150
降伏電圧	50, 66
交流	1
枯渇領域	43
固溶度	34
コレクタ	72
コンバータ／インバータシステム	15, 102
コンバート	2

【さ】

再結合	45
再結合中心	71, 136
サイリスタ	5, 18, 19, 77
サファイア	172
産業用途	4
酸素	114
酸素ドナー	33, 114

【し】

しきい値電圧	85, 91
自己消弧	80
自己消弧型	19
自己ターンオフ型	19
仕事関数	57
自動車用途	4
写真製版	131
遮断領域	72
周囲温度	110
周期律表	22, 35
重金属不純物	34
重水炉	119
昇華法	160
消弧	78
少数キャリヤ	38
状態密度関数	39
蒸発速度	115
初期故障	111
ショットキー接触	58
ショットキーダイオード	59

ショットキーバリアダイオード	59
シリコン MOS 型大規模集積回路	1
シリコン融液	113
自立基板	167
シリンダ炉	122
新材料	20
真性キャリヤ密度	158
真性領域	43

【す】

スイッチング損失	14
スイッチング動作	74
水素結合を持つ結晶	25
スーパージャンクション構造	87
スクリーニング	111
ステルスダイシング	148
スマートグリッド	8
スライス	117

【せ】

制御機能	105
正孔	36
成膜	132
整流比	50
石英るつぼ	113
積層欠陥	30
絶縁体	28
絶縁破壊電界	156
接合温度	110
線欠陥	30
全波整流回路	11

【そ】

ソース	85

【た】

ダイオード	11
ダイオードモジュール	103
ダイシング	145
ダイシングライン	146

体積欠陥	30
大電流通電能力	108
耐熱性	152
ダイボンド	146
ダイヤモンド	157
ダイヤモンド構造	23
太陽電池	10
多機能化	20
多数キャリヤ	38
立上り電圧	50
種結晶	113
ダーリントン接続	76
ターンオフ	78
ターンオン	78
ダングリングボンド	63
単結晶シリコンウェーハ	113

【ち】

蓄積状態	62
チップテスト	154
地のらせん	35
チャネル	85
中性子	22
中性子照射法	119
超臨界液体	169
直流	1

【つ】

通信・情報用途	4
ツェナー降伏	50

【て】

低抗性接触	60
低コスト化	20
ディスクリートデバイス	102
出払い領域	43
転位	30
転位低減層	167
電気自動車	8
電気鉄道用途	4
点欠陥	30

点弧	78	
電子	22, 36	
電子親和力	58	
電子線照射	136	
電子なだれ領域	72	
電子飽和速度	156	
電磁誘導	20	
伝導帯	27	
電流コラプス	171	
電流戦争	20	
電力用ダイオード	69	
電力用途	4	

【と】

同位体	22
銅ワイヤ	149
ドナー	37
ドーパント不純物	33, 39
トライアック	81
トランスファーモールドタイプ	106, 144
トランスファーモールドタイプIPM	108
ドリフト	43
ドリフト移動度	43
トレードオフ関係	15, 94
ドレーン	85
トレンチゲート型	86

【な】

ナトリウムフラックス法	168
鉛フリー化	146

【に】

ニュートロン	22

【ね】

熱酸化	132
熱伝導度	156
燃料電池車	8

【の】

能動領域	72
ノジュール	126
ノーマリィオフ型	170
ノーマリィオン型	170
ノンパンチスルー	89

【は】

ハイドロサーマル法	169
ハイブリッドカー	8
バイポーラ型	49
バイポーラデバイス	65, 92
バスタブ型	111
発生	45
バリガ指数	156
パワーMOSFET	5, 19, 86
パワーチップ	16
パワーデバイス	1
パワーバイポーラトランジスタ	19
パワーモジュール	16, 102, 144
パンチスルー	86, 89
反転状態	62
反転層	85
半導体	28
バンドギャップ	27

【ひ】

ピンチオフ電圧	85

【ふ】

ファンデルワールス結晶	26
フィン温度	110
風力発電	8
フェルミ準位	39
フェルミーディラックの分布関数	39
フォトカプラ	105, 112
フォトレジスト	131
不純物領域	43
不対電子	63

フラットバンド状態	61
ブレード	145
プレーナゲート型	86
プロセス導入欠陥	31
プロトン	22, 136
分極作用	169
分散型発電	6
分子結晶	25
分布関数	39

【へ】

平滑コンデンサ	15
平衡偏析係数	115
平面ゲート型	86
ベース	72
ヘテロ接合	54
ヘリウムイオン	136
ベルジャー炉	122
ベルヌーイチャック	140
ベルヌーイの原理	140
偏析現象	115

【ほ】

放熱性	108
飽和速度	44
飽和電圧	92
飽和領域	72
保護機能	105
ボディダイオード	86
ホモ接合	54
ポリッシング	117
ホール	36
ホール効果	46
ボルタ電池	20
ボンディング	147

【ま】

マイクロパイプ	160
枚葉炉	123
マウンド	126
摩耗故障	111
マルチワイヤソー	117

索　　　引　　　179

【み】

未結合手	63
三つ組み元素	35
ミニバッチ炉	123

【む】

無停電電源	7

【め】

メモリ	3
メモリテスタ	152
面欠陥	30
メンデレーエフ	35
面取り	117, 125

【ゆ】

ユニポーラ型	59
ユニポーラデバイス	65

【よ】

陽子	22

【ら】

ライフタイム	71
ライフタイム制御	33, 136
ラッチアップ	80, 83
ラッピング	117

【り】

リボンボンド	149

裏面クラウン他

裏面クラウン	126
良性 PRIDE	31
両面冷却	150

【れ】

レーザアニール	139, 141
レーザダイシング	147
連続 CZ 法	128

【ろ】

ロジックテスタ	152
ロードマップ	165

【わ】

ワイドギャップ半導体	20, 156

【数字】

1 in 1	103
2 in 1	103
4H-SiC	157
6 in 1	103
7 in 1	103

【A】

AC	1
AC マトリックスコンバータ	98
all in 1	103

【C】

CMOS	63, 83
CMP	117, 135
CO_2 排出量	8
CPU	3
CSTBT	95
CZ 法	113

【D】

DC	1
DLB	150

【F】

FA 機器	5
FS	90
FS 型	137
FWD	15, 17
FZ ウェーハ	19, 137
FZ 法	117

【G】

GaN	20, 156, 157
GTO サイリスタ	19, 80

【H】

HEMT	169
HVIC	5
HV-IGBT	5
HVPE 法	168

【I】

IEGT	95
IGBT	5, 19, 88
IH	9
IPM	19, 105

【L】

LED 照明	7
LPT	90

【M】

MIS 構造	61
MO-CVD	166
MOSFET	161
MOS-LSI	1
MOS 構造	61
MPS ダイオード	70

【N】

Na フラックス法	168
NPC	98
npn 型	72
NPT	89

【P】

PDP	9
pin 構造	66
pnp 型	72
pn 接合	47
pn 接合ダイオード	50

索引

pn 判定器	46	
PRIDE	31	
PT	89	

【R】

RB-IGBT	20, 96, 98	
RC-IGBT	20, 96, 97	

【S】

SBD	59, 161	
SiC	20, 156	
SOA	76	
STI	135	

【T】

TAIKO	142	
TEG	153	

【ギリシャ文字】

β 崩壊	119	
γ 崩壊	119	
ΔT_j	112	
ωC	159	
ωL	159	

―― 著者略歴 ――

- 1979年　北海道大学工学部電気工学科卒業
- 1984年　北海道大学大学院工学研究科博士後期課程修了（電気工学専攻）
　　　　　工学博士
- 1984年　三菱電機株式会社勤務
- 2010年　千葉工業大学教授
- 2022年　千葉工業大学退職
　　　　　グリーンパワー山本研究所
　　　　　現在に至る

パワーデバイス
Power Devices

© Hidekazu Yamamoto 2012

2012年 2月16日　初版第1刷発行
2022年12月 5日　初版第4刷発行

検印省略

著　者　山本　秀和（やまもと　ひでかず）
発行者　株式会社　コロナ社
　　　　代表者　牛来真也
印刷所　萩原印刷株式会社
製本所　有限会社　愛千製本所

112-0011　東京都文京区千石4-46-10
発行所　株式会社　コロナ社
CORONA PUBLISHING CO., LTD.
Tokyo Japan
振替 00140-8-14844・電話 (03)3941-3131(代)
ホームページ https://www.coronasha.co.jp

ISBN 978-4-339-00831-9　C3054　Printed in Japan　　　　（安達）

JCOPY <出版者著作権管理機構 委託出版物>
本書の無断複製は著作権法上での例外を除き禁じられています。複製される場合は，そのつど事前に，出版者著作権管理機構（電話 03-5244-5088，FAX 03-5244-5089，e-mail: info@jcopy.or.jp）の許諾を得てください。

本書のコピー，スキャン，デジタル化等の無断複製・転載は著作権法上での例外を除き禁じられています。
購入者以外の第三者による本書の電子データ化及び電子書籍化は，いかなる場合も認めていません。
落丁・乱丁はお取替えいたします。

電子情報通信レクチャーシリーズ

■電子情報通信学会編　（各巻B5判，欠番は品切または未発行です）
白ヌキ数字は配本順を表します。

				頁	本体
㉚ A-1	電子情報通信と産業	西村吉雄著		272	4700円
⑭ A-2	電子情報通信技術史 ―おもに日本を中心としたマイルストーン―	「技術と歴史」研究会編		276	4700円
㉖ A-3	情報社会・セキュリティ・倫理	辻井重男著		172	3000円
⑥ A-5	情報リテラシーとプレゼンテーション	青木由直著		216	3400円
㉙ A-6	コンピュータの基礎	村岡洋一著		160	2800円
⑲ A-7	情報通信ネットワーク	水澤純一著		192	3000円
㊳ A-9	電子物性とデバイス	益・天川共著		244	4200円
㉝ B-5	論　理　回　路	安浦寛人著		140	2400円
⑨ B-6	オートマトン・言語と計算理論	岩間一雄著		186	3000円
㊵ B-7	コンピュータプログラミング ―Pythonでアルゴリズムを実装しながら問題解決を行う―	富樫敦著		208	3300円
㉟ B-8	データ構造とアルゴリズム	岩沼宏治他著		208	3300円
㊱ B-9	ネットワーク工学	田村・中野・仙石共著		156	2700円
① B-10	電　磁　気　学	後藤尚久著		186	2900円
⑳ B-11	基礎電子物性工学―量子力学の基本と応用―	阿部正紀著		154	2700円
④ B-12	波　動　解　析　基　礎	小柴正則著		162	2600円
② B-13	電　磁　気　計　測	岩崎俊著		182	2900円
⑬ C-1	情報・符号・暗号の理論	今井秀樹著		220	3500円
㉕ C-3	電　子　回　路	関根慶太郎著		190	3300円
㉑ C-4	数　理　計　画　法	山下・福島共著		192	3000円
⑰ C-6	インターネット工学	後藤・外山共著		162	2800円
③ C-7	画像・メディア工学	吹抜敬彦著		182	2900円
㉜ C-8	音声・言語処理	広瀬啓吉著		140	2400円
⑪ C-9	コンピュータアーキテクチャ	坂井修一著		158	2700円
㉛ C-13	集　積　回　路　設　計	浅田邦博著		208	3600円
㉗ C-14	電　子　デ　バ　イ　ス	和保孝夫著		198	3200円
⑧ C-15	光・電磁波工学	鹿子嶋憲一著		200	3300円
㉘ C-16	電　子　物　性　工　学	奥村次徳著		160	2800円
㉒ D-3	非　線　形　理　論	香田徹著		208	3600円
㉓ D-5	モバイルコミュニケーション	中川・大槻共著		176	3000円
⑫ D-8	現代暗号の基礎数理	黒澤・尾形共著		198	3100円
⑱ D-11	結像光学の基礎	本田捷夫著		174	3000円
⑤ D-14	並　列　分　散　処　理	谷口秀夫著		148	2300円
㊲ D-15	電波システム工学	唐沢・藤井共著		228	3900円
㊴ D-16	電　磁　環　境　工　学	徳田正満著		206	3600円
⑯ D-17	VLSI工学―基礎・設計編―	岩田穆著		182	3100円
⑩ D-18	超高速エレクトロニクス	中村・三島共著		158	2600円
㉔ D-23	バ　イ　オ　情　報　学 ―パーソナルゲノム解析から生体シミュレーションまで―	小長谷明彦著		172	3000円
⑦ D-24	脳　　　　　　　学	武田常広著		240	3800円
㉞ D-25	福祉工学の基礎	伊福部達著		236	4100円
⑮ D-27	VLSI工学―製造プロセス編―	角南英夫著		204	3300円

定価は本体価格+税です。
定価は変更されることがありますのでご了承下さい。

図書目録進呈◆